TEKLA

Tekla Structures 20.0
钢结构建模实例教程

安娜　华均　编著

U0194694

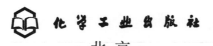
化学工业出版社
·北京·

本书共 9 章，主要介绍 Tekla Structures 概述、建模准备工作、建立基于 CAD 的门式刚架、螺栓与底板、吊车梁、支撑系统、二楼与楼梯、屋面、出图简介等内容，用一套完整的实例详细介绍如何建立一座比较简单的单层钢结构厂房的三维模型。本书在建模的过程中，同时介绍软件的相关知识，以便大家举一反三，更好地运用这个软件。

本书可供土木工程专业及相关专业作为教材使用，也可供钢结构工程设计和施工人员在工作中参考。

图书在版编目（CIP）数据

Tekla Structures 20.0 钢结构建模实例教程/安娜，
华均编著 . —北京：化学工业出版社，2017.7（2022.2 重印）
ISBN 978-7-122-29917-8

Ⅰ.①T… Ⅱ.①安… ②华… Ⅲ.①钢结构-系统
结构-系统建模-教材 Ⅳ.①TU391

中国版本图书馆CIP数据核字（2017）第133731号

责任编辑：吕佳丽 　　　　　　　　　　　装帧设计：王晓宇
责任校对：宋　夏

出版发行：化学工业出版社（北京市东城区青年湖南街13号　邮政编码100011）
印　　装：涿州市殷润文化传播有限公司
787mm×1092mm　1/16　印张12¼　字数321千字　2022年2月北京第1版第6次印刷

购书咨询：010-64518888 　　　　　　　　售后服务：010-64518899
网　　址：http://www.cip.com.cn
凡购买本书，如有缺损质量问题，本社销售中心负责调换。

定　价：68.00元

Tekla Structures 软件是由芬兰 Teknillinen laskenta（简称 Tekla）公司于 1966 年开发的，1980 年该公司正式更名为 Tekla，并于 2011 年被美国 Trimble 公司收购。经过 50 年的不断完善，Tekla Structures 软件在钢结构深化设计领域中具有以下不可替代的领先优势。

（1）直观：所有的三维软件操作都比二维软件复杂，但 Tekla Structures 相对来说是交互界面做得最简单直接的，所见即所得。

（2）精细：创建三维模型时可以进行精细的细部设计与操作，如详细的螺栓连接、焊缝连接、碰撞检查、荷载分析等。

（3）便捷：创建三维模型后可自动生成所需的钢结构详图和各种报表，如整体布置图、构件图、零件图、工程量清单等；可以用生成的详图指导下料和制作，也可将详图直接导入数控机床。

（4）经济：虚拟建造可以发现并纠正原设计图纸中出现的一些失误，优化设计，大幅度减少返工。

Tekla Structures 软件引入中国后，被应用于各大中型建筑，包括武汉大剧院、武汉音乐厅、中央电视台新楼、水立方、鸟巢、北京奥林匹克公园、国家会议中心、广东亚运体育场、上海环球金融大厦、上海浦东机场二期、同济大学土木学院大楼、沈阳同方时代广场、苏州广播电视总台现代传媒广场等。这些建筑的共同点是钢结构总用钢量大，空间结构复杂，非标准构件和非标准节点多，用二维软件进行设计、指导施工比较困难。该软件的详细介绍可至网站 http://www.tekla.com 查询。

本书共 9 章，主要介绍 Tekla Structures 概述、建模准备工作、建立基于 CAD 的门式刚架、螺栓与底板、吊车梁、支撑系统、二楼与楼梯、屋面、出图简介等内容，用一套完整的实例详细介绍如何建立一座比较简单的单层钢结构厂房的三维模型。本书在建模的过程中，同时介绍软件的相关知识，以便大家举一反三，更好地运用这个软件。我们建议读者按照自己的需求，按以下的步骤学习本书。

（1）本书每一小节的第一部分"任务"，是建模前给读者提出的预习问题，也是很多学员在建模过程中问到的问题。三思而后行是有必要的，今后大家独立工作的时候也要这样先问问自己再开工，一味蛮干，最后的结果就是返工。

（2）如果你确实是个很急性子的人，就只看每一小节的第二部分"任务实施"，这样你可以迅速上手，完成模型。

（3）要检查自己做得怎么样，看看第三部分"任务结果"。

（4）如果你想知道为什么这样做，看看第四部分"任务资料"。

（5）如果你还想做点别的什么，第五部分"知识链接"是有必要的。

本书配套图纸下载地址为：www.cipedu.com.cn，"关键词"处输入 tekla，会员注册后可以免费下载。

全书由湖北城市建设职业技术学院安娜、华均编著。本书不仅适合高等院校土建类相关专业学生学习使用，也可供广大钢结构建模人员参考。由于编者水平所限，书中难免有不妥之处，恳请同行专家和读者批评指正。

编　者

2017 年 4 月

目 录
CONTENTS

1.1　Tekla Structures 概述

　　Tekla Structures 是 1966 年由芬兰的 Teknillinen laskenta 公司所开发，Tekla 是该公司的商用软件简称，于 1980 年将公司正式更名为 Tekla。Tekla 公司起初承接 ADP（Automatic Data Processing，自动数据处理）咨询、开发、相关工程运算及训练，于 1990 年推出用于工程运算规划的软件，归类为 "X" 产品系列，最初为道路设计的是 Xroad 及为城市设计的是 Xcity。

　　1993 年，该公司推出了用于钢结构设计的工程软件 Xsteel，经过几年的发展后，更名为 Tekla Structures，于 2004 年正式发布，有钢结构细部设计、混凝土细部设计、钢筋混凝土细部设计模块供设计人员使用。Tekla 用于建筑工程中的钢结构深化设计最有优势，可以进行宏观外形设计也可以进行微缝的焊缝、螺栓设计、设计完成后可碰撞检查、合并模型分析，并能产生所需的数量明细表，工程时间轴功能可模拟各个工程阶段的模型变化，另外支持 DWG、DGN、XML 等许多目前较为广泛使用的设计文件的导入识别。Tekla 也有 IFC 输入 / 输出功能，主要以 IFC 模型进行设计变更的信息对比。Tekla 公司在 2011 年被美国 Trimble 公司收购。

1.2　Tekla Structures 的用户界面

　　Tekla Structures 的用户界面如图 1-1 所示，由上至下依次为标题栏、菜单栏、工具栏、绘图区域、选择开关与捕捉开关、状态栏，下面分别介绍各部分的功能。

　　（1）标题栏　标题栏在程序窗口的最上方，它上面显示了 Tekla Structures 的程序图标及当前操作的图形文件名称和路径。和一般的 Windows 应用程序相似，用户可通过标题栏最右边的 3 个按钮最小化、最大化和关闭 Tekla Structures。

　　（2）建模区域　建模区域是用户的工作区域，类似于手工作图时的图纸，用户的所有工作结果都反映在此窗口中。虽然 Tekla Structures 提供的绘图区是无穷大的，但用户可根据需要自行设置显示在屏幕上的绘图区域大小。

　　（3）菜单栏　单击菜单栏上的菜单项，可弹出对应的下拉菜单。下拉菜单包含了 Tekla Structures 的核心命令和功能，选取其中的某个选项，Tekla Structures 即会执行相应命令。

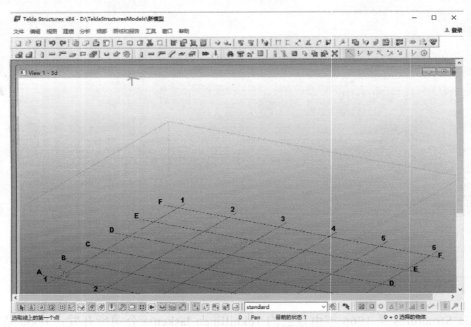

图 1-1　Tekla Structures 的用户界面

（4）工具栏　常见的工具栏有 6 种，如图 1-2 ~ 图 1-6 所示，每一个工具栏都可以点击最左侧的四个点并拖出成为独立工具条，放置于界面上任何位置，如图 1-2 所示。要增加或减少工具条，单击工具→工具栏，单击所需要修改的工具栏，如图 1-7 所示。

图 1-2　钢工具栏的两种形态

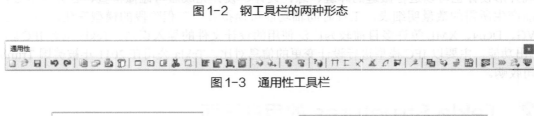

图 1-3　通用性工具栏

图 1-4　点工具栏　　　　　　　　　　图 1-5　细部工具栏

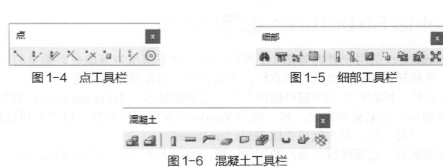

图 1-6　混凝土工具栏

（5）选择开关　通过使用选择开关可以选择合适的对象。通常放在状态栏的上面，选择开关一共有 21 个，如图 1-8 所示（图中图标未全部展示），从左至右依次为：打开所有开关（除单个螺栓外）；选择组件；选择零件；选择表面处理；选择点；通过单击轴线中的一条线选择整个轴线；选择单条轴线；选择焊缝；选择线、零件以及多边形切割和接合；选择模型视图；通过单击螺栓组中的一个螺栓选择整个螺栓组；选择单个螺栓；选择钢筋或钢筋组；选择荷载；选择距离；选择该组件整体；选择该组件中的单个对象；选择该构件整体；选择构件中的单个对象；过滤类型与过滤的开关；直接修改开关。

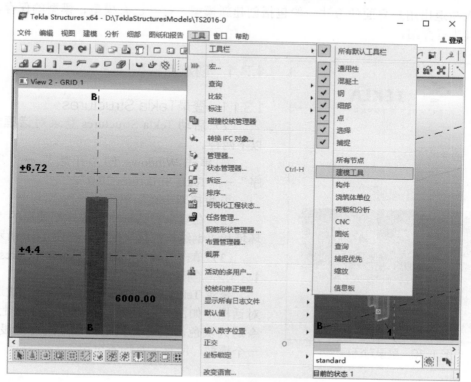

图 1-7　工具栏的调用

图 1-8　选择开关

（6）捕捉开关　通过使用捕捉开关可以选择合适的对象。通常放在状态栏的上面，捕捉开关一共有 16 个，如图 1-9 所示（图标未全部展示），从左至右依次为：捕捉线和轴线交点；捕捉线的端点；捕捉圆或者圆弧的圆心；捕捉中点；捕捉交点；捕捉垂足；捕捉距离对象最近的任何点；捕捉延长线；捕捉任何位置；捕捉最近线上点；捕捉最近线和边缘；捕捉参考点；捕捉几何线或点；定义捕捉深度；定义平面上的捕捉深度；定义平面类型。

图 1-9　捕捉开关

（7）状态栏　状态栏位于程序窗口的底部。用户从键盘上输入的命令、软件的提示及相关信息都反映在此窗口中，该窗口是用户与软件进行命令交互的窗口。绘图过程中的许多信息都将在状态栏中显示出来。例如，命令的运行情况和下一步操作的提示文字等。

1.3 进入与退出用户界面的方法

进入与退出用户界面的方法一般包括创建新模型、打开已有模型、模型的保存，下面分别对其进行介绍。

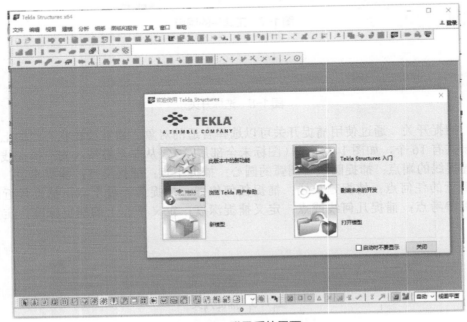

图 1-10 登录对话框

1.3.1 创建新模型

1.3.1.1 登录Tekla Structures

（1）启动 Tekla Structures 登录对话框方法有以下两种。

① 单击 Windows 的"开始"→"所有程序"→"Tekla Structures 20.0"。

② 直接双击桌面图标。

（2）在登录对话框中，选择要使用的"china"环境和"钢结构深化"配置，如图 1-10 所示。

（3）单击"确认"启动 Tekla Structures。

1.3.1.2 创建新模型

登录 Tekla Structures 后，会打开"欢迎使用"对话框，如图 1-11 所示。打开后，面板上许多命令均为灰色，点击无反应，这是因为还没有建立一个模型，所有工具均不可用。

图 1-11 登录后的界面

必须按以下步骤新建一个模型，工具才可用：

（1）认识对话框中，单击"新模型"或直接单击通用工具栏的"新建"工具。

（2）在模型名称框中键入模型的名称，其他的选项可不予处理，点击"确认"，如图1-12所示。

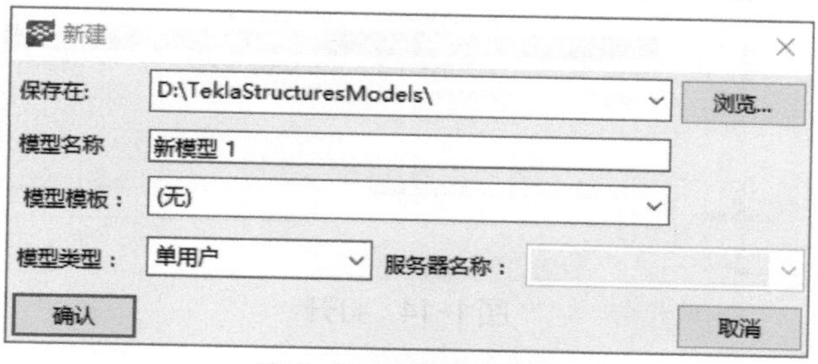

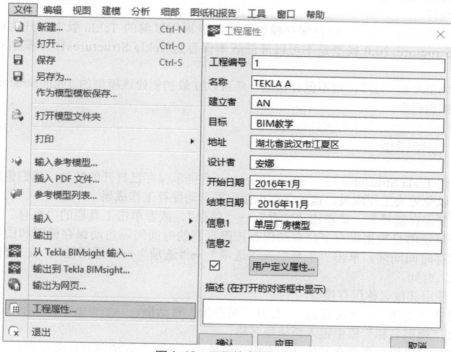

图 1-12　新建对话框

此时所有命令呈现彩色，点击有反应，且生成了默认 3D 视图，说明可用。

（3）输入工程信息。单击"文件"→"工程属性"，输入工程信息，如图 1-13 所示。

图 1-13　工程信息的输入

1.3.2　打开模型

1.3.2.1　打开20.0版本的文件

（1）单击"文件"→"打开"，或直接单击通用工具栏的"打开"工具，会打开"打开"对话框，如图 1-14 所示。

（2）选择模型。默认情况下，Tekla 在 \Tekla Sdtructures Models 文件夹中搜索模型。如果模型在其他文件夹中，应单击"浏览"以查找模型文件夹，或使用查看的下拉列表查看最近使用的文件夹。

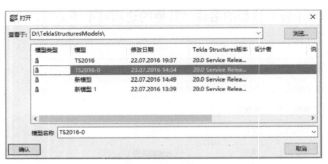

图1-14　打开

（3）选定需要的文件，单击"确认"打开模型。

1.3.2.2　打开20.0以前版本中创建的模型

在打开用以前的 Tekla Structures 版本创建的模型时，软件会显示一条警告信息。通过单击确认可打开该模型。如果对该模型进行了编辑并想保存该模型，将出现警告信息，将有以下两种选择。

（1）如果单击"是"，则会保存模型，但不能再用以前的 Tekla 版本打开该模型。因为 Tekla Structures20.0 模型是不可以降低版本保存为 Tekla Structures19.0 模型或更早版本的。

（2）如果单击"否"，则不保存模型，还可以在最初创建该模型的 Tekla Structures 版本中打开和编辑模型。

1.3.3　保存模型

在关闭 Tekla Structures 时，Tekla Structures 会提示保存已打开的模型。我们也应该定期保存模型以免丢失工作成果。自动保存也会定期自动保存工作成果。

（1）要保存新模型，请单击"文件"→"保存"，或者单击工具栏的"保存"工具。状态栏上会显示消息数据保存了。自动保存按照设置的时间间隔自动保存模型和图纸。要设置自动保存时间间隔，单击"工具"→"选项"→"选项"→"通用性"，在"自动保存"项目下输入时间。

（2）使用其他名称保存模型

① 单击"文件"→"另存为"，打开"另存为"对话框。

② 在"模型名称"框中键入新模型名称。

③ 如果要将模型保存在其他文件夹中，请单击"浏览"以浏览查找文件夹。

④ 在"另存为"对话框中，单击确认保存模型。

1.4　观察模型的方法

1.4.1　更改背景色

建模过程中，大家可以改变模型视图的背景色，使自己在最喜欢的背景下工作，要在渲染视图中更改背景色，操作步骤如下：

（1）单击"工具"→"选项"→"高级选项"，调出"高级选项 - 模型视图"，如图 1-15 所示。

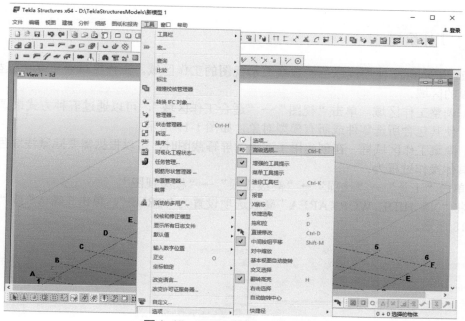

图 1-15　工具→选项→高级选项

（2）使用 4 个 XS_BACKGROUND_COLOR 修改背景色：要使用单色背景，背景的全部四个角都设置相同的值。要使用过渡色背景，背景的四个角可设置不同的值。三个数为一组，以空格隔开。如 1.0 1.0 1.0 代表白色，0 0 0 代表黑色，其他颜色介于 1 与 0 之间；如果输入四组数值如图 1-16 所示，则呈现由紫色向白色过渡的背景。关闭并重新打开视图，更改方可生效。

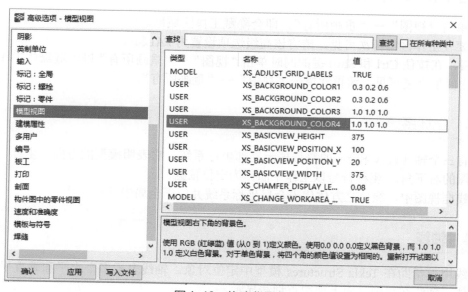

图 1-16　修改背景色

（3）要使用默认的背景色，可将这四组数值清除。关闭并重新打开视图，更改方可生效。

1.4.2 工作区域

Tekla Structures 使用浅绿色的虚线表示视图的工作区域。工作区域是可见的模型区域，也是建模的区域。

（1）调整工作区域　单击"视图"→"适合工作区域"，可以通过五种方式来调整工作区大小，使其包含所选零件或所有模型对象，如图 1-17 所示。

（2）隐藏工作区域框　在创建用于演示的屏幕截图时，可以根据需要隐藏浅绿色的工作区框。具体操作过程为：

① 单击"工具"→"选项"→"高级选项"→"模型视图"。

② 将"XS_HIDE_WORKAREA"高级选项设置为"TRUE"。单击"确认"或"应用"，如图 1-18 所示。

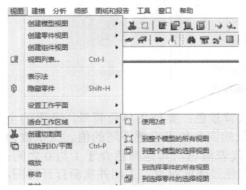

图 1-17　调整工作区域

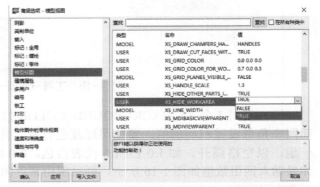

图 1-18　XS_HIDE_WORKAREA 高级选项

③ 单击"视图"→"重画所有"，即会隐藏工作区域框。

④ 要使工作区框再次可见，请将该高级选项设置为 FALSE。

或者，在按住 Ctrl 和 Shift 键的同时单击"视图"→"重画所有"以隐藏绿色工作区框。要使工作区框恢复可见，请再次单击"视图"→"重画所有"。

1.4.3 坐标系统

具有三个轴（x、y 和 z）的符号表示局部坐标系统，它表明模型的方向。坐标符号位于模型视图的右下角。坐标符号以工作平面作为定位依据。

在线框视图中，绿色立方体代表全局坐标系统并位于全局坐标原点处。

1.4.4 轴线

轴线用于帮助在 Tekla Structures 模型中定位对象。轴线表示多个水平和垂直平面 的三维复合体。轴线在视图平面上使用点划线显示。

在一个 Tekla Structures 模型中可以使用多条附加轴线，也可以存在两个以上的轴网。可以使对象和轴线具有磁性，粘在一起，以便在移动轴线时其上的对象也随之移动。

1.5　钢结构详图设计简介

1.5.1　钢结构设计的阶段

钢结构设计一般分为钢结构设计图和钢结构施工详图两阶段。

钢结构设计图应由具有设计资质的设计单位完成，设计图的内容和深度应满足编制钢结构施工详图的要求；钢结构施工详图（即加工制作图）一般应由具有钢结构专项设计资质的加工制作单位完成，也可由具有该项资质的其他单位完成。

1.5.1.1　钢结构设计图

（1）设计说明　设计依据、荷载资料、项目类别、工程概况、所用钢材牌号和质量等级（必要时提出物理、力学性能和化学成分要求）及连接件的型号、规格、焊缝质量等级、防腐及防火措施。

（2）基础平面及详图　应表达钢柱与下部混凝土构件的连接构造详图。

（3）结构平面（包括各层楼面、屋面）布置图　应注明定位关系、标高、构件（可布置单线绘制）的位置及编号、节点详图索引号等；必要时应绘制檩条、墙梁布置图和关键剖面图；空间网架应绘制上、下弦杆和关键剖面图。

（4）构件与节点详图

① 简单的钢梁、柱可用统一详图和列表法表示，注明钢材牌号、尺寸、规格、加劲肋做法，连接节点详图，施工、安装要求。

② 格构式梁、柱、支撑应绘出平面、剖面（必要时加立面），定位尺寸、总尺寸、分尺寸，注明单构件型号、规格，组装节点和其他构件连接详图。

1.5.1.2　钢结构施工详图

施工详图又称为加工图或放样图等。深度必须能满足车间直接制造加工，不完全相同的零构件单元必须单独绘制表达，并应附有详尽的材料表。

（1）图纸目录。

（2）加工图设计总说明，主要内容如下：

① 钢材、螺栓、冷弯薄壁型钢、栓钉、围护板材的材质（颜色）、厂家等；

② 油漆种类、漆膜厚度及范围或型钢镀锌的要求，油漆范围必要时参考构件详图；

③ 除锈等级及抗滑移系数；

④ 焊缝的质量等级和范围等要求；

⑤ 预拼装、起拱、现场吊装吊耳等要求；

⑥ 制作、检验标准等。

（3）构件布置图　说明相似构件在平面上的布置方式。常见布置图有以下几种。

① 锚栓布置图：主要关注钢材材质、数量、攻丝长度、焊脚高度等。

② 梁柱布置图：主要关注构件名称、规格、数量、梁的安装方向（关系到连接板偏向）、轴线距离和楼层标高（判断梁、柱的长度）等。

③ 檩条、墙梁布置图：主要关注构件名称、数量、是否有斜拉条和隅撑（檩条、墙梁开孔的排数）、轴线距离（可计算檩条、墙梁长度）、是否位于门窗边缘（是否双面）等。

（4）构件详图　图面上一般分为：索引区、构件图区、大样图区、说明区。索引区的标识可以方便地在布置图上查找该构件的位置，确定本图的主视图方向。构件图可以整体反映该构件，如有两个视图进行表达时，一定要找到剖视符号来判断第二个视图的方向，不能只凭三视图的惯例来断定。说明区对设计总说明中未提及或特殊的地方进行规定，是必读的。常见详图有：

钢柱、梁详图、轻钢屋面梁详图、吊车梁详图、支撑详图。

1.5.2　Tekla Structures 详图设计工作基本流程

钢结构施工详图（即加工制作图）的设计工作在实际工作中常被称为拆图，在没有Tekla 之前，也有其他软件可以做类似工作，如一些基于 CAD 的插件，但工作量普遍大于Tekla。运用 Tekla 详图设计工作的基本流程如下。

（1）识读图纸，汇总图纸各零件材料名称、种类、规格。

（2）确定各零件与构件名称与颜色（等级）。

零件的颜色使用不同等级值表示。常见颜色对应等级如下：1—浅灰；2 或 0—红色；3—绿色；4—蓝色；5—青绿色；6—黄色；7—红紫色；8—灰色；9—玫瑰红色；10—深绿色；11—浅绿色；12—粉红色；13—橘黄色；14—深蓝色；99—灰色。

在建模前确定构件的颜色与名称，有利于今后的管理，常见颜色与名称在 Tekla 中设定，实例见表 1-1。

表 1-1　零件（构件）名称与颜色的设定

常用等级	颜色	常用构件、零件	名称	备注
1	浅灰	系杆	XG	三种杆之间颜色有反差，因为材质上都有可能是圆管
2 或 0	红色	刚性系杆	GXG	
3	绿色	撑杆	CG	
4	蓝色	柱间支撑	ZC	两个都是支撑，采用类似颜色
5	青绿色	水平支撑	SC	
6	黄色	一般不用或少用		特定高亮边缘颜色
7	红紫色	刚架柱	GZ 或 GJZ	系统自动生成
8	灰色	端板	DB	
9	玫瑰红色	板	B	
10	深绿色	刚架梁	GL 或 GJL	
11	浅绿色	吊车梁	DCL	
12	粉红色	山墙柱	SQZ	与刚架柱颜色相近
13	橘黄色	檩条	LT	
14	深蓝色	拉条	T	檩条与拉条之间颜色要有反差
		斜拉条	XT	
99	灰色	隔撑	YC	系统自动生成

（3）编号规则　模型中的每个零件均应有唯一编号，整个模型同类构件编号设置应一致，所以建模之前要确定编号基本规则。

（4）利用状态对建筑物分层、分片。

（5）建模之前，建立轴线，核对无误。

（6）建模常见步骤为　建立主柱及主梁，加适当肋板；连接主构件的节点，如端板、柱脚等；山墙柱及连接；柱间支撑、平面支撑；屋面檩条、墙梁；楼梯等其他。

尽可能多地使用复制，这样同类的零件会被归为一组。

（7）模型完成后检查　校核所有主柱及主梁，必须保证截面尺寸和定位正确无误；应仔细检查受力主构件的节点，以及与其他模块相连接处节点是否正确，如与混凝土预埋件连接，或者设备连接等；碰撞检查；按项目要求对不同构件添加前后缀（此步骤应该在建模时填好大部分，此时仅是检查），然后把该部分的所有编号清除，再重新编号；报表检查。

（8）出详图设置。

（9）出详图。

1.6　钢结构基本知识

1.6.1　钢材

1.6.1.1　钢结构用钢种类

目前，国内钢结构用钢的品种主要是普通碳素结构钢和低合金高强度结构钢。

（1）碳素结构钢　牌号由代表屈服点的字母、屈服点数值、质量等级符号、脱氧方法等四部分按顺序组成。其中以"Q"代表屈服点，屈服点数值共分195MPa、215MPa、235MPa、255MPa 和 275MPa 五种；质量等级由高到低依次为 D、C、B、A；脱氧方法以 F 表示沸腾钢，Z、TZ 表示镇静钢和特殊镇静钢，Z 和 TZ 在钢的牌号中予以省略。

例如：Q235—A·F 表示屈服点为 235MPa 的 A 级沸腾钢。

（2）低合金高强度结构钢　低合金高强度结构钢以屈服点等级为主，划分成五个牌号，其表示方法如下。屈服点等级：Q295、Q345、Q390、Q420、Q460、Q690，质量等级由高到低依次为 E、D、C、B、A。

1.6.1.2　钢结构钢材的规格

钢结构所用的钢材主要为热轧成型的钢板、型钢及冷弯成型的薄壁型钢。

（1）钢板　钢板有薄钢板（厚度 0.35~4mm）、厚钢板（厚度 4.5~60mm）、特厚板（板厚＞60mm）和扁钢 (厚度 4~60mm，宽度为 12~200mm) 等。钢板用"—宽 × 厚 × 长"或"—宽 × 厚"表示，单位为 mm，如—450×8×3100，—450×8。

（2）型钢　钢结构常用的型钢是角钢、工字型钢、槽钢和 H 型钢、钢管等。除 H 型钢和钢管有热轧和焊接成型外，其余型钢均为热轧成型。型钢的种类及表示方法见表 1-2。

表 1-2　型钢的种类及表示方法

名称	截面	标注方法	示例
钢板		"—宽 × 厚 × 长"或 "—宽 × 厚"	—800×12×2100 —450×8
等边角钢		∟边宽 × 厚度	∟ 100×10
不等边角钢		∟长边宽 × 短边宽 × 厚度	∟ 100×80×8

续表

名称	截面	标注方法	示例
工字钢	h	以 I + 截面高度（cm）表示，按腹板厚度分为 a、b、c 三类，Q 表示轻型	I32c I32Q
圆钢	○	用"ϕ外径"表示，单位为 mm	ϕ 12
钢管	◎	用"ϕ外径 × 壁厚"表示，单位为 mm	ϕ 110×4
热轧普通槽钢	h	以 [+ 截面高度（cm）表示，按腹板厚度分为 a、b、c 三类，Q 表示轻型	[30a Q[25a
H 型钢 （T 型钢）	t t_w H B	H（T）+ 高度 × 宽度 × 腹板厚 × 翼缘厚 HW：表示宽翼缘 H 型钢 HM：表示中翼缘 H 型钢 HN：表示窄翼缘 H 型钢	HW400×400×13×21

1.6.1.3 冷弯型钢

包括冷弯薄壁型钢（壁厚 2 ~ 6mm）和压型钢板（壁厚 0.4 ~ 2mm），使用薄钢板冷轧而成。截面形式和尺寸均可按受力特点合理设计，能充分利用钢材的强度，与相同截面积的热轧型钢相比，其截面抵抗矩大，钢材用量可显著减少。但因板壁较薄，对锈蚀影响较为敏感。外形如图 1-19、图 1-20 所示。

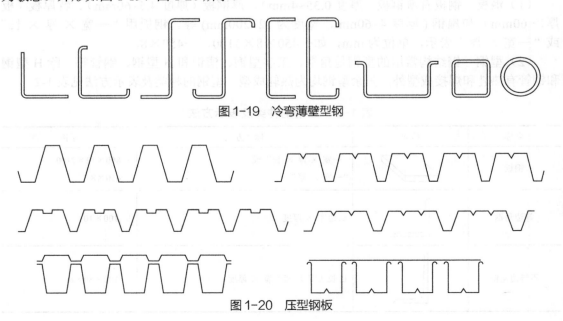

图 1-19 冷弯薄壁型钢

图 1-20 压型钢板

（1）冷弯卷边 C 型钢、Z 型钢　冷弯卷边 C 型钢、Z 型钢由薄钢板冷弯而成。冷弯卷边 C 型钢广泛用于钢结构建筑的檩条、墙梁。Z 型钢特别适用于大坡度屋面的檩条。长一般不超过 12m。以 C(Z)+ 高度 $h\times$ 宽度 $b\times$ 厚度 $t\times$ 卷边高度 e 来表示，如 $Z180\times70\times2\times20$，如图 1-21 所示。

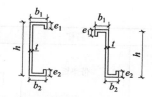

图 1-21　冷弯卷边 C 型钢、Z 型钢
h—高度；b—宽度；t—厚度；e—卷边高度

（2）压型钢板　常用于墙面或屋面板。

1.6.2　焊缝的表示方法

1.6.2.1　焊缝符号组成

焊缝符号一般可以分为三部分：指向箭头、水平线（线上标注焊缝基本外形符号与补充符号、尺寸）、尾注。示例如下：

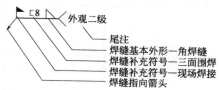

外观二级
尾注
焊缝基本外形—角焊缝
焊缝补充符号—三面围焊
焊缝补充符号—现场焊接
焊缝指向箭头

1.6.2.2　焊缝基本外形符号

焊缝基本外形符号见表 1-3。

表 1-3　焊缝基本外形符号

序号	名称	示意图	符号
1	I 形焊缝		‖
2	V 形焊缝		V
3	单边 V 形焊缝		V
4	带钝边 V 形焊缝		Y
5	带钝边单边 V 形焊缝		Y
6	角焊缝		△

1.6.2.3　补充符号

补充说明焊缝的某些特征而采用的符号。焊缝补充符号见表 1-4。

表1-4　焊缝补充符号

序号	名称	示意图	符号	说明
1	带垫板	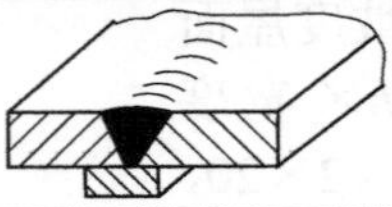		焊缝底部有垫板
2	三面围焊	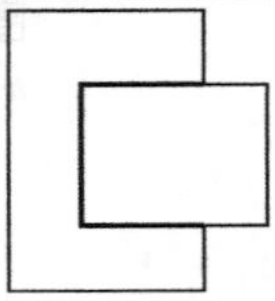		表示三面有焊缝
3	周围焊	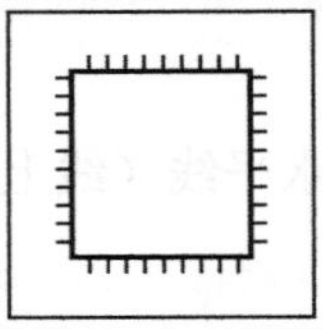		环绕工件周围焊缝
4	现场焊			表示工地现场进行焊接
5	相同焊缝		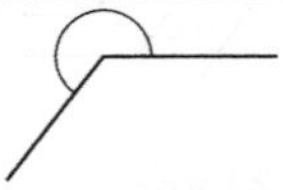	表示类似部位采用相同的焊缝

1.6.2.4　焊缝尺寸的标注符号

尺寸的标注见表1-5。

表1-5　尺寸的标注

序号	名称	示意图	焊缝尺寸	说明
1	对接焊缝	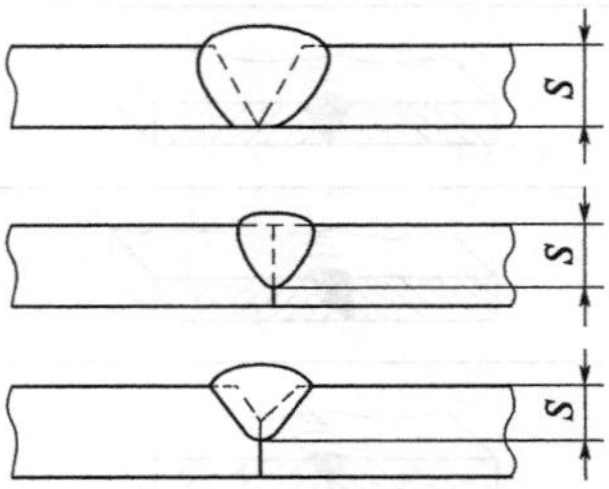	S：焊缝有效厚度	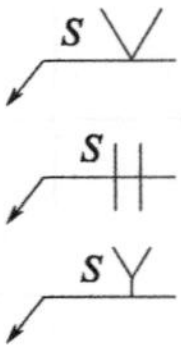
2	连续角焊缝	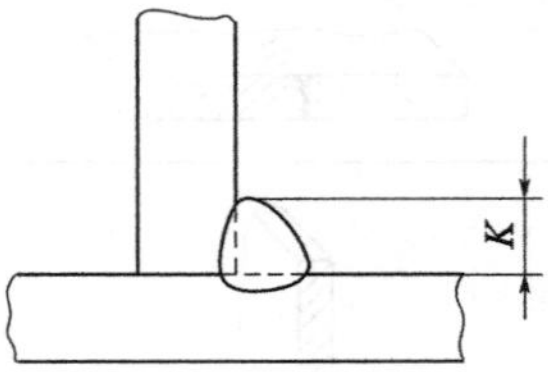	K：焊角尺寸	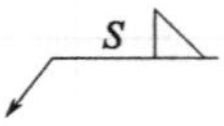
3	不连续角焊缝	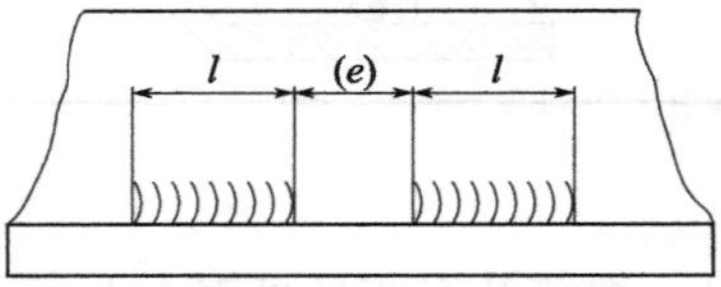	l：焊缝长度（不计弧坑） e：焊缝间距 n：焊缝段数	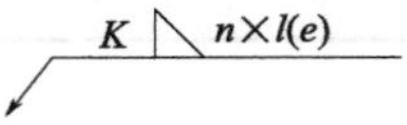

1.6.2.5　尾注

尾注是对焊缝的要求进行备注，一般说明质量等级、适用范围、剖口工艺的具体编号等。

1.7　钢结构厂房设计概述

1.7.1　钢结构厂房及其组成

单层厂房钢结构一般是由门式刚架、各种支撑、吊车梁，以及檩条与拉条等构件组成的空间体系（图 1-22）。这些构件按其作用可分为下面几类。

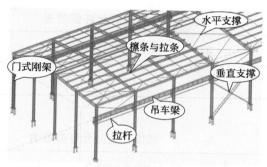

图 1-22　单层钢结构厂房的组成

（1）门式刚架　由柱和它所支承的屋架或屋盖横梁组成，是单层厂房钢结构的主要承重体系，承受结构的自重、风、雪荷载和吊车的竖向与横向荷载，并把这些荷载传递到基础。

（2）屋面与墙面的围护结构　承担屋盖荷载与风荷载的结构体系，包括屋面与墙面的檩条、拉条、屋面板、墙面板等。

（3）支撑体系　包括屋面的水平支撑和柱间的垂直支撑、拉杆等，它一方面与柱、吊车梁等组成单层厂房钢结构的纵向框架，承担纵向水平荷载；另一方面又把主要承重体系由个别的平面结构连成空间的整体结构，从而保证了单层厂房钢结构所必需的刚度和稳定。

（4）吊车梁和制动梁（或制动桁架）　主要承受吊车竖向及水平荷载，并将这些荷载传到横向框架和纵向框架上。

此外，还有一些次要的构件，如檩托、隅撑、梯子、走道、门窗、栏杆等。

1.7.2　钢结构厂房的建设

1.7.2.1　钢结构主要施工工艺流程

施工放线→基础混凝土内预埋螺栓→（钢结构加工制作）门式刚架吊装→吊车梁安装→钢梁安装→屋架、屋面板及屋檐板安装→墙面板安装→钢结构涂装。

1.7.2.2　钢结构加工制作工艺过程

（1）按详图出下料清单。

（2）放样、号料。

① 放样划线时，应清楚标明装配标记、螺孔标注、加强板的位置方向、倾斜标记及中心线、基准线和检验线，必要时制作样板。

　　② 注意预留制作、安装时的焊接收缩余量；切割、刨边和铣加工余量；安装预留尺寸要求。

　　③ 划线前，材料的弯曲和变形应予以矫正。

　　（3）下料　钢板下料采用数控多头切割机下料，下料前应将切割表面的铁锈、污物清除干净，以保持切割件的干净和平整，切割后应清除熔渣和飞溅物。

　　（4）组立、成型　钢材在组立前应矫正其变形，并达到符合控制偏差范围内，接触毛面应无毛刺、污物和杂物，以保证构件的组装紧密结合，符合质量标准。

　　（5）焊接。

　　（6）制孔　螺栓孔及孔距允许偏差符合《钢结构施工及验收规范》的有关规定，详见表1-6、表1-7。

表1-6　螺栓孔允许偏差表　　　　mm

项目	直径	圆度	垂直度
允许偏差	＋1.0	2.0	0.3t 且不大于 2.0

表1-7　螺栓孔距的允许偏差表　　　　mm

螺栓孔孔距范围	同一组内任意孔间距离	相邻两组的端孔的距离
≤500	1.0	1.5
501～1200	1.5	2.0
1200～3000	—	2.5
＞3000	—	3.0

　　（7）矫正型钢　是指矫正因加工不当引起的变形，矫正完成后，应进行自检。

　　（8）端头切割　焊接型钢柱、梁矫正完成后，其端部应进行平头切割，便于今后与端板的连接。

　　（9）除锈　除锈采用专用除锈设备，进行除锈可以提高钢材的疲劳强度和抗腐蚀能力，对钢材表面硬度也有不同程度的提高，有利于漆膜的附和，不需增加外加的涂层厚度。经除锈后的钢材表面，用毛刷等工具清扫干净，才能进行下道工序。除锈合格后的钢材表面，如在涂底漆前已返锈，需重新除锈。

　　（10）油漆　一般在除锈完成后，若存放在厂房内，可在24h内在表面涂刷第一道底漆；若存放在厂房外，则应在当班刷完底漆。第一遍底漆干燥后，再进行中间漆和面漆的涂刷，保证涂层厚度达到设计要求。

　　（11）包装与运输　构件编号在包装前，将各种符号转换成设计图所规定的构件编号，并用笔（油漆）或粘贴纸标注于构件的规定部位，以便包装时识别。在搬运过程中注意对构件和涂层的保护，对易碰撞的部位应提供适当的保护。搬运后的构件如发生变形损坏，应及时进行修补，以确保发运前构件完好无损。

　　（12）验收　钢构件出厂前，应提交以下资料：产品合格证；施工图和设计文件；制作过程技术问题处理的协议文件；钢材、连接材料和涂料的质量证明书或试验报告；焊缝检测记录资料；涂层检测资料；主要构件验收记录；构件发运清单资料。

思考与练习

1. 建立一个新模型，并命名，修改成自己喜欢的底色。
2. 在新模型中尝试建立各种零件，查看不同颜色、视图下的表现。

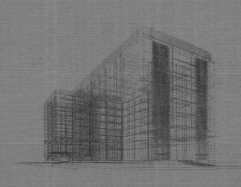

第 *2* 章
CAD图识读与轴网

2.1 识图与重绘

2.1.1 任务

（1）本工程的图纸是否齐全？

（2）该厂房属于何种类型，有哪些构件？尺寸如何？是否正确？

（3）是否可以将原设计CAD图纸直接导入模型？如不可以，是否要全部重绘？

2.1.2 任务实施

识读整个工程的所有图纸，脑海中形成一个完整三维框架，核对每个构件的规格和材质，每一个构件都应与零件和材料表核对，一般来说识读的要点如下。

2.1.2.1 刚架柱

（1）柱截面和总长度、各层标高与布置图对照验证；

（2）通过索引图判断钢柱视图方向；

（3）牛腿或连接板数量、方向对照布置图进行验证；

（4）柱的标高尺寸、长度分尺寸和总尺寸是否一致；

（5）通过板件编号找到对应的柱脚详图进行识图；

（6）端部板、附加肋板装配前要根据图纸的焊缝标示和工艺进行剖口处理，留出焊缝的空间；

（7）验证布置图与对应梁柱节点是否一致。

2.1.2.2 刚架梁

（1）按照索引图和布置图，核对截面规格；

（2）检查翼缘、腹板的分段位置；

（3）检查屋面梁放坡坡度，端板与地面还是梁的中轴线垂直；

（4）检查系杆连接板、天沟支架连接板、水平支撑孔是否每根梁都有，安装的方向是否一致；

（5）梁端部是否需要带坡口，梁是否预起拱。

2.1.2.3 吊车梁

（1）检查肋板，中间跨的吊车梁和边跨吊车梁肋板一般是不一样的。

（2）吊车梁上翼缘是否需要预留固定轨道的螺栓孔。

（3）检查吊车梁上翼缘的隅撑留孔在哪一侧，注意下翼缘的垂直支撑留孔在哪一侧。

2.1.2.4 支撑

（1）角钢支撑的截面、肢尖朝向；

（2）基准线是中心线还是边线；

（3）连接板的尺寸是否正确，是否满足螺栓间距与边距的需要。

2.1.2.5 重绘门式刚架

重绘门式刚架 GJ2 的 CAD 图，为了说明方便，保存为钢构 20.0.dwg。

（1）打开 CAD，在正交环境下。由原点（0,0）垂直向上绘制 11350 长度的 y 轴线，水平向右绘制 21000 长度 x 轴线（标高 0.000）。

（2）y 轴线向右偏移 4 个 5250，形成间距 5250 的 5 条轴线。

（3）x 轴线向上偏移，绘出标高为 2200，4400，6720，100000，11350 的五条轴线。

（4）从原点垂直向上位置一条长度为 10000 直线，向右偏移 10，500，510，绘出刚架柱。

（5）在极坐标环境，在点（0，10000）向上倾斜 5.71° 绘制一条直线与中轴线相交，作为屋面梁的顶面，向下偏移出 10，500，510 三条蓝色线，描绘出刚架梁轮廓；再偏移 255，绘制出梁的中轴线（红色线）。

（6）在正交环境下，绘出梁柱连接端板，厚度为 20，高度为 710，所以以梁的中轴线向向上 355 起点，b 向下 355 为终点，绘出梁柱连接端板线。左右偏移 20 绘出来端板的轮廓，同样的方法绘制梁梁连接端板。刚架柱柱顶如图 2-1 所示。

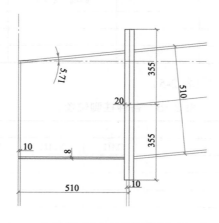

图 2-1 刚架柱柱顶

2.1.3 任务结果

2.1.3.1 填表

（1）轴网见表 2-1。

表 2-1 轴网

图号	轴名	距离（x,y 为间距，z 为标高）
08	x	
	y	
14	z	

（2）门式刚架梁、端板、柱尺寸见表 2-2。

表 2-2 门式刚架梁、端板、柱尺寸

图号		10					
刚架名称		GJ3（10 轴）		GJ2（2—9 轴）		GJ1（1 轴）	
		名称	规格	名称	规格	名称	规格
柱		GZ1	H510×200×6×10				
梁							
端板							

（3）端板螺栓间距见表 2-3。

表 2-3 端板螺栓间距

图号	刚架名称	柱脚名称	端板材质	第一个螺栓距边缘距离（x 向）	螺栓间距序列（x 向）	螺栓间距（y 向）
10	GJ3					
	GJ2					
	GJ1					

（4）山墙柱、其他柱尺寸见表 2-4。

表 2-4 山墙柱、其他柱尺寸

图号	刚架名称	山墙柱、其他柱		顶部连接端板	第一个螺栓距边缘距离（X 向）	螺栓间距序列（X 向）	螺栓间距（Y 向）
		位置	规格				
10	GJ3	1 轴					
	GJ2	2 轴					
		10 轴					

（5）各种柱脚位置、尺寸见表 2-5。

表 2-5 各种柱脚位置、尺寸

图号		YMJ1	YMJ2	YMJ3	YMJ4	YMJ5
柱脚名称						
底板零件尺寸	板					
	垫片					
	肋					
	抗剪键					
	锚钉杆					
锚钉杆间距	第一个螺栓距边缘距离（竖向）					
	螺栓间距序列（竖向）					
	螺栓间距（横向）					

2.1.3.2 门式刚架CAD图

钢构 20.0.dwg 如图 2-2 所示。

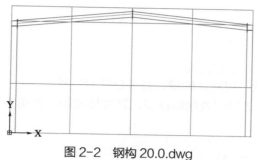

图 2-2　钢构 20.0.dwg

2.1.4　任务资料 CAD 图纸

　　本套图纸的下载地址为 www.cipedu.com.cn，在关键词处输入本书书名，查询范围为课件，免费下载。读者首先应通读钢结构说明，再阅读其他图纸。

2.1.5　知识链接

　　识图与重绘的过程非常重要，识图的过程是一个发现错误、纠正错误的过程，常需要注意的问题有以下几类。

　　（1）图面标注材料与设计图所附材料清单不符。

　　（2）制图错误。

　　① 精确度不准。如屋面坡度 1∶10，应按角度 5.71° 来画。这样更有利于建模时工作平面的旋转。

　　② 修改引起的错误。某些设计院当画出构件与实际尺寸不符时，常常修改尺寸标注的数字，如上一节 2.1.4 的 CAD 图"钢结构设计说明""4.3 本工程所有尺寸以标注为准，不得以比例尺量取图中尺寸"即所有的尺寸均与实际尺寸有出入，所以本实例是必须要重绘的。

　　（3）设计变更引起的错误。变更过程中协调不够，导致图纸自相矛盾。

　　（4）设计常识造成的错误。设计规范不熟悉。

　　（5）重绘时加上拉杆肋板，主要是为了在建模时可以批量复制，加快建模进度，当然也可以不画，在门架做好后回来看 CAD 图加上。

　　（6）门式刚架图的左下角坐标应调整为（0,0），否则导入时无法与原点重合。

2.2　建立轴网、工作区、视图

2.2.1　任务

　　（1）轴网有几种建立方法？

　　（2）应该为所有的构件设立轴线吗？

　　（3）x,y,z 轴都是按间距输入轴网吗？

　　（4）什么是工作区？

　　（5）视图与工作区有何不同？

2.2.2　任务实施

（1）打开模型并命名，创建轴线

① 双击建模区内任意一根默认轴线，打开轴线对话框。

② 通过输入 X、Y 和 Z 坐标及轴线标签，以空格间隔，如图 2-3 所示，单击修改。

图 2-3　轴网创建

（2）创建工作区　单击"视图"→"适合工作区域"→"到整个模型的所有视图"，如图 2-4 所示。

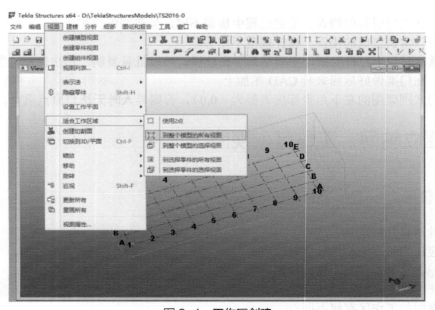

图 2-4　工作区创建

（3）建立视图，沿轴线创建平面视图　单击"视图"→"创建模型视图"→"沿着轴线"。即会打开沿着轴线生成视图对话框，见图 2-5。单击"创建"，见图 2-6。

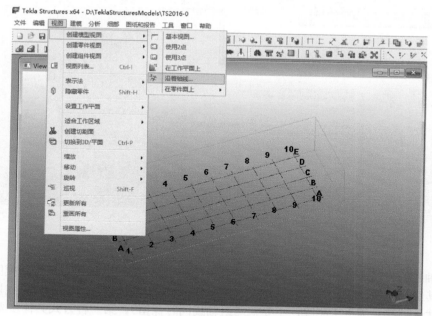

图 2-5　模型视图创建（1）

图 2-6　模型视图创建（2）

2.2.3　任务结果

一般情况下，在实操中同时调用两个视图，利用"窗口"→"垂直平铺"，使三维视图与平面视图并列。这样做的好处是，可以在熟悉的二维平面上操作，同时观察建立的构件在三维空间的位置是否正确，如图 2-7 所示。

2.2.4　任务资料：相关概念

2.2.4.1　轴线

Tekla Structures 轴线为三维轴线，用点划线显示在视图平面上。三维轴线符合右手法则如图 2-8 所示，拇指表示 x 轴，食指表示 y 轴，中指表示 z 轴。以后如果三点定义工作平面，z 轴的方向也符合此法则。

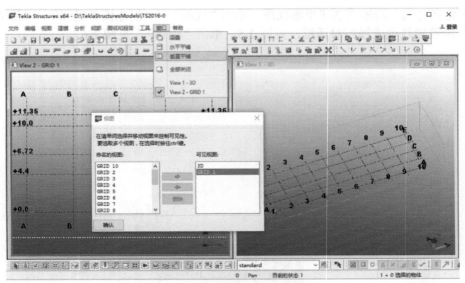

图 2-7　垂直平铺视图

创建轴线的方法有两种。第一种方法是利用 Tekla 自带的默认轴线，双击建模区内任意一条轴线对其进行修改。第二种方法是单击"建模"→"创建轴线"，创建新的轴线以后删除默认轴线（默认轴线必须手工删除，不要把两组轴线同时保留）。第一种方式具体步骤如下。

（1）打开属性对话框　双击建模区内任意一条轴线。即会打开如图 2-9 所示的轴线对话框。

图 2-8　右手法则

图 2-9　轴线对话框

（2）输入参数

① 坐标与标签　可按设计资料输入 x、y 和 z 坐标以及对应轴线标签的参数，使用空格分隔参数。输入 0.00 作为第一条轴线位置。x 和 y 方向的坐标是相对距离，z 方向的坐标是绝对距离。

② 线延伸　三维模型中，模型建成后往往会挡住轴线，所以轴线会延伸到模型外面2000，以便观察，所以一般不更改。

③ 磁性　勾选"磁性轴线面"可将构件或零件绑定到轴线；当轴线移动时，构件或零件会附着于轴线，随之变化、移动。

④ 其他设置　如果要锁定轴线参数，单击"用户定义属性"按钮并从锁定列表中选择"是"。

（3）保存　如需要保存，单击上方"另存为"，输入名称，单击"保存"。

（4）单击"修改"，出现询问是否修改，选择"是"。

（5）单击"关闭"。

2.2.4.2　工作区

Tekla 使用浅绿色虚线立方体标识视图的工作区，工作区是编辑模型的可操作区域。工作区外的对象是不可见的，但它们仍然存在于模型中，只是不能进行修改等操作。

工作区中，X、Y 红色箭头符号表示工作平面；绿色立方体位于坐标原点（0,0,0），指示整体坐标系 Z 的方向，如图 2-10 所示。

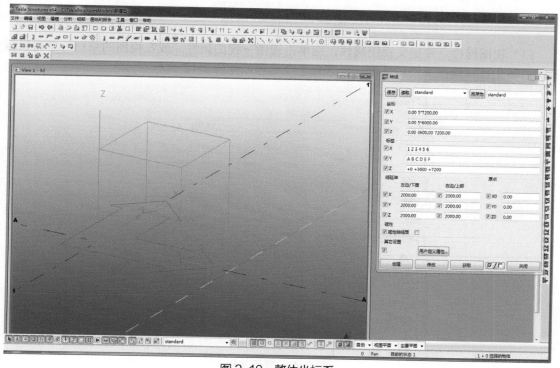

图 2-10　整体坐标系

2.2.4.3　视图

视图是以某个特定的角度表现模型的窗口。每一个视图都可以在二维与三维之间自由切换（Ctrl+P）。建模时最多可同时调用 9 个视图，但正在操作的视图只能有一个，会显示红色边框，如图 2-11 中的 3D 视图。

可以创建的视图有三种类型：模型视图、零件视图、组件的视图。创建模型视图有基本视图、使用 2 点、使用 3 点、在工作平面上、沿着轴线、在零件面上等 6 种方式，如图 2-11 所示。一般来说，"沿着轴线"创建的视图是比较齐全、方便的，所以开始建模时我们都采用这种方式，到后期为了特殊构件的需要会用到其他方式。

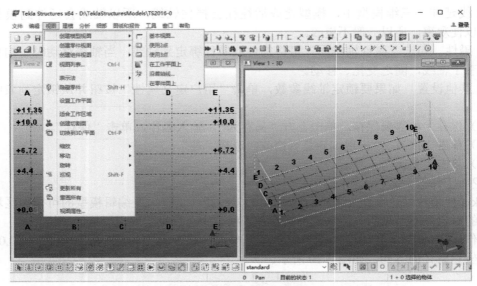

图 2-11　创建模型视图

（1）视图属性　要定义视图属性，应单击视图→视图属性。或在视图的空白处单击鼠标右键，即会打开视图属性对话框。一共有 7 个选项，如图 2-12 所示。

图 2-12　视图属性

① 名称　即视图的名称。沿着轴线建立的视图会自动生成名称，但临时建立的视图没有名称，退出模型后，无名的视图不会被保存。所以如果需要在以后的会话中打开视图，应在图框中输入名称并保存。

② 角度　可通过下拉选项，在 3D 视图和平面视图之间切换。

③ 投影　可通过下拉选项，在正交和透视投影之间切换。投影仅在渲染视图类型中可用。

④ 表示　视图中的构件和零件可以对颜色和透明度进行设置，例如当我们希望看见柱子后面的构件时，可以单击"表示"把柱子的透明度调为 50%，如图 2-13 所示。

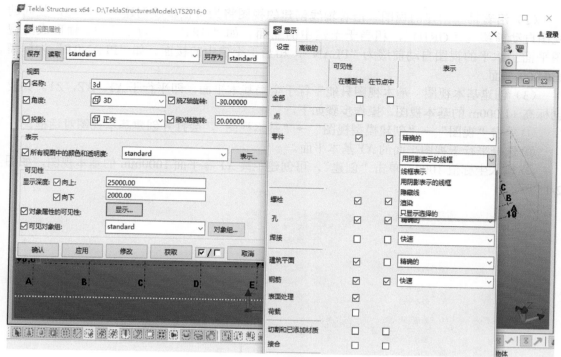

图 2-13　显示属性

　　⑤ 视图深度　在模型中，所显示深度和工作区内的对象是可见的，例如"向下 2000"表示可看见从视图平面向下 2000mm 范围内的对象。

　　⑥ 对象属性的可见性　可单击"显示"→"显示"属性对话框，定义每个对象类型的可见性和表示方式。常用的有渲染、用阴影表示的线框。渲染方式具有最佳实体三维效果，而用阴影表示的线框在建模时可以看到所有零件，是实际使用很多的显示方式。

　　⑦ 可见对象组　单击"对象组"进行显示过滤，只有特定对象组会显示出来。如只显示材质为 Q345B 的零件，如图 2-14 所示。

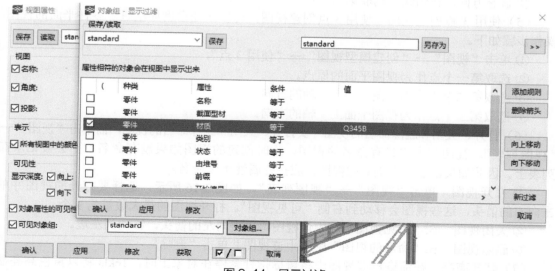

图 2-14　显示过滤

（2）沿着轴线创建的视图　沿着轴线创建的视图将为每根轴线创建一个视图，竖向的视图自动前缀为"GRID"，相当于土建中的立面。如"GRID1"为 1 轴与 z 轴形成的视图平面；水平的视图自动前缀为"PLAN"，相当于土建中的楼面。如"PLAN0.0"为标高 ±0.000 平面。

（3）创建基本视图　基本视图只能平行于全局基本平面，即平行于 XY, XZ, ZY。如要创标高 +1.000m 的基本视图，操作步骤如下。

① 单击"视图"→"创建模型视图"→"基本视图"，会打开创建基本视图对话框。

② 选择平行于视图平面的 XY 基本平面。

③ 输入坐标值 1000，单击"创建"，可创建距离 XY 零平面 1000mm 的基本视图，如图 2-15 所示。

图 2-15　创建基本视图

（4）使用 2 点创建轴线视图　使用 2 点创建轴线视图，一般只能创建垂直或水平的视图，操作步骤如下。

① 单击"视图"→"创建模型视图"→"使用 2 点"。

② 依照提示栏，在轴线上选取第一个点，即会出现两个箭头，箭头指示视图的方向。

③ 调整方向，在轴线上选取第二个点。

（5）使用 3 点创建视图　使用 3 点创建视图，可以在任意例如垂直于零件平面的视图。操作步骤如下。

① 单击"视图"→"创建模型视图"→"使用 3 点"。

② 选取第一个点作为视图平面的原点。

③ 选取第二个点作为视图平面上 x 轴的方向。

④ 选取第三个点作为视图平面上 y 轴的方向。

（6）打开、关闭和删除命名的视图　要打开、关闭和删除命名的视图，需单击"视图"→"视图列表"。视图列表中只有命名的视图，临时创建的视图如果没有命名，不会被记录在列表上。因此如果创建了很重要的视图，应打开属性予以命名。

① 打开视图　单击"视图"→"视图列表"，如图 2-16 所示，选择要打开的视图并单击向右的箭头，这些视图会移动到右侧"可见视图"。打开视图的最大数量为 9 个。

② 关闭视图　在"可见视图"选中该视图，单击向左的箭头，移动到左边。

③ 删除视图　在"命名的视图"中选中该视图并单击"删除"。

（7）翻转高亮　在渲染模型视图中将鼠标指针悬停在对象上时，Tekla 将以黄色高亮显示对象。要打开或关闭翻转高亮，可按"H"键或单击"工具"→"选项"→"翻转高亮"。

图 2-16　视图列表

（8）视图中的表示法　对于模型和组件中的零件，可以使用快捷键 Ctrl+1 ～ 5 和 Shift+1 ～ 5 切换表示方式。如图 2-17、图 2-18 所示。

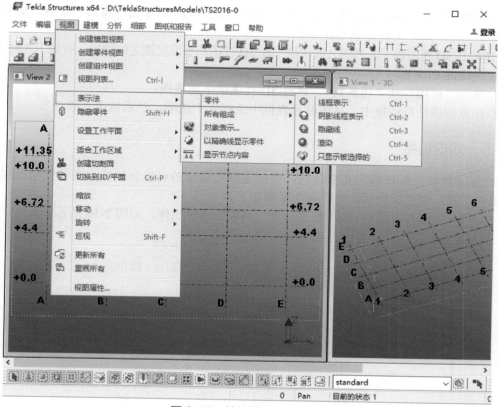

图 2-17　快捷键 Ctrl+1 ～ 5

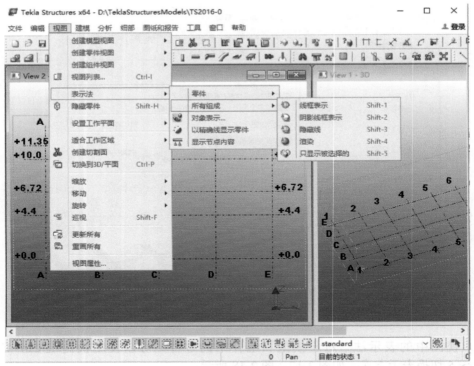

图 2-18　快捷键 Shift+1 ~ 5

（9）在打开的视图之间切换　要在打开的视图之间切换，单击"窗口"菜单，从列表中选择一个视图，或使用快捷键 Ctrl+Tab。

（10）在 3D 视图和平面视图之间切换　要 3D 视图和平面视图之间切换，有如下 3 种方法。

① 快捷键 Ctrl+P。

② 单击"视图"→"切换到"，选择 3D 视图或平面视图。

③ 在视图属性对话框中，从角度列表框中选择一个选项，然后单击"修改"。

2.2.5　知识链接

Tekla 的默认坐标轴线为正交轴线，要创建圆形物体的极坐标轴线，必须使用极坐标轴线的组件工具。创建极坐标轴线的操作步骤如下。

（1）打开"组件目录"，从"组件目录"列表中选择插件，如图 2-19 所示。

(a)　　　　　　　　　　　(b)

图 2-19　打开插件

（2）双击半径轴线打开属性对话框，如图 2-20 所示。

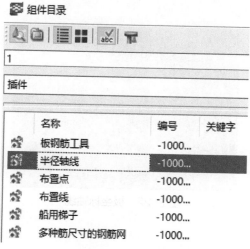

图 2-20　半径轴线

（3）修改轴线属性，输入轴线相关参数，单击确认，如图 2-21 所示。

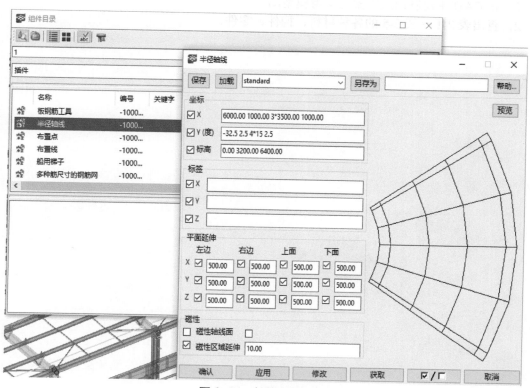

图 2-21　轴线参数输入

（4）依提示选取一点以作为轴线的原点，即会自动创建轴线如图 2-22 所示。

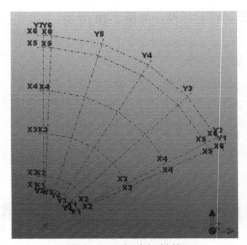

图 2-22　极坐标轴线

思考与练习

1. 在 CAD 中绘制门式刚架的参考模型图。
2. 查出表 2-1 ～表 2-5 的各种材料、构件、零件。

第 3 章
建立基于CAD的门式刚架

▌重点和难点

1. 将CAD图导入正确的位置。
2. 根据经验补齐设计院图中没有的斜肋板。

3.1 CAD 图导入 Tekla

3.1.1 任务

（1）设计院的 CAD 蓝图可以直接导入 Tekla 吗？
（2）如何将 CAD 图导入正确的位置？
（3）什么是工作平面？

3.1.2 任务实施

（1）进入 GRID2 平面视图。
（2）使用 3 点创建工作平面。

① 单击"视图"→"设置工作平面"→"使用 3 点"，或在工具栏直接双击"▦"工具，如图 3-1 所示。依照页面下部提示栏中提示进行后续操作。

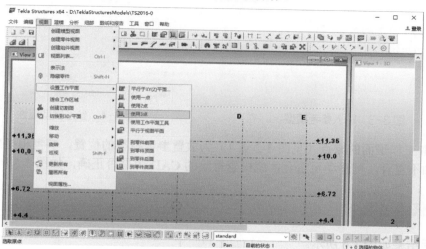

图 3-1　使用 3 点创建工作平面

② 选取点 1 作为工作平面的原点, 选取点 2 定义工作平面上 x 轴的方向, 选取点 3 定义工作平面上 y 轴的方向, 创建工作平面, 如图 3-2 所示。

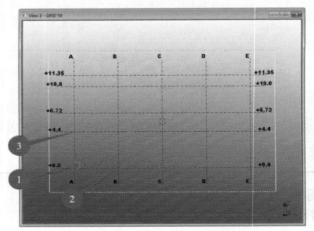

图 3-2　点 1、2、3 的选定

(3) 导入重绘的门式刚架 CAD 图 "钢构 20.0.dwg"

① 单击 "文件→输入参考模型", 如图 3-3 所示。

② 单击 "浏览" 按钮查找参考模型文件, 选择重绘的门式刚架 CAD 图 "钢构 20.0.dwg"。参考模型的比例选择 1∶1, 单击 "应用", 如图 3-4 所示。

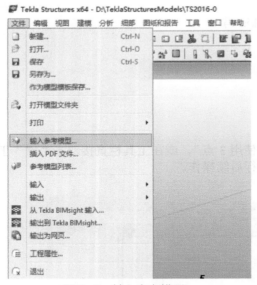

图 3-3　输入参考模型

图 3-4　参考模型属性

③ 选取工作平面的原点 (见图 3-2 点 1) 为放置参考模型的位置, 参考模型应与轴网完全重合; 如不重合, 可移动至重合, 或检查重绘的 CAD 图是否正确, 如图 3-5 所示。

3.1.3　任务结果

导入后结果如图 3-6 所示。

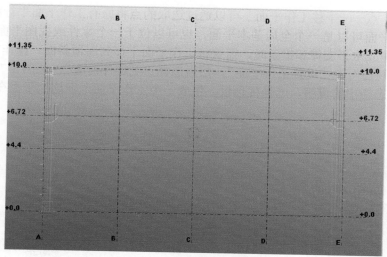

图 3-5　正确输入参考模型

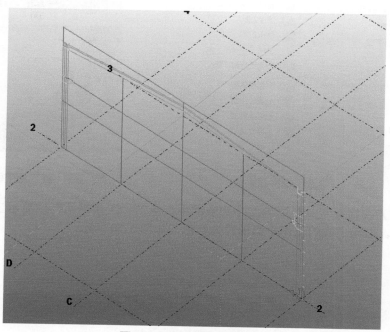

图 3-6　参考模型正确位置

3.1.4　任务资料：相关概念

3.1.4.1　工作平面

红色的箭头符号表示工作平面，它是模型的局部坐标系统。工作平面也有自己的轴线，可以用于定位零件。

（1）右手法则　建立了红色箭头 xy 工作平面后，z 方向也遵守右手规则。很多位置复杂的建模都可以使用工作平面来降低操作难度。例如本书二维模型的导入、屋面上点的创建、檩条的放置以及复制操作都使用了工作平面。

（2）使用1点——平移工作平面　可以通过选取的点将原有工作平面平行移动到所需位置，原有工作平面可以是一个全局基本平面，也可以位于一个零件或视图平面之上。例如，在倾斜屋面上建立水平支撑和檩条时，需要将工作平面平移到屋顶斜面。操作方法如下。

① 单击"视图"→"设置工作平面"，然后选择"到零件前面"，如图3-7所示。

② 按照状态栏中的说明，选择柱顶板，生成一个工作平面，但这个平面在柱顶板之下，如图3-8所示。

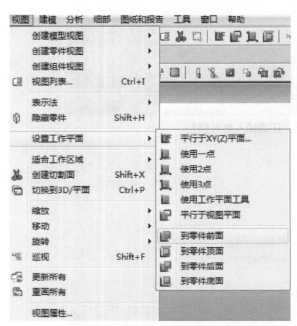

图3-7　更改工作平面设置

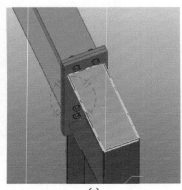

(a)

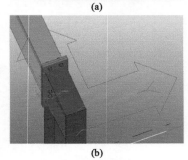

(b)

图3-8　柱顶板工作平面

③（选做）在捕捉工具栏的第二个列表框中，单击"工作平面"以显示工作平面轴线，如图3-9所示。自动生成的工作平面轴线为红色，如图3-10所示。

图3-9　更改设置选择工作平面

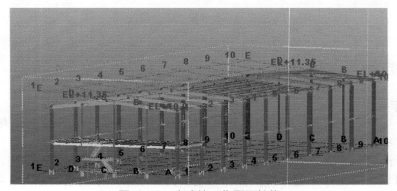

图3-10　生成的工作平面轴线

④ 单击"视图"→"设置工作平面"→"使用 1 点",如图 3-11 所示;单击屋面某端点,平移工作平面到屋顶如图 3-12 所示。

图 3-11　设置工作平面

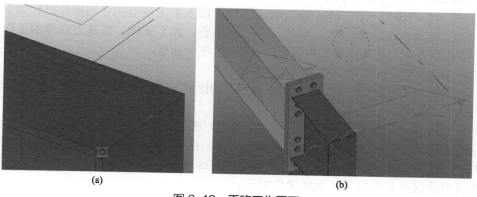

(a)　　　　　　　　　(b)

图 3-12　平移工作平面

(3) 恢复默认工作平面　在完成倾斜结构的建模后,一定要改回默认工作平面。要恢复默认工作平面,直接在 PLAN+0.00 上按初始平面定义原点、X、Y 轴,或执行以下操作。

① 单击"视图"→"设置工作平面"→"平行于 XY(Z) 平面",如图 3-13 所示。

② 将平面设置为 XY,将深度坐标设置为 0,单击"改变",如图 3-14 所示。

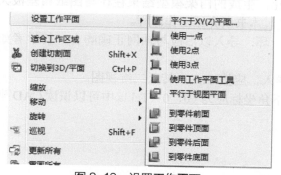

图 3-13　设置工作平面

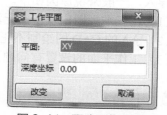

图 3-14　更改工作平面

(4) 更改工作平面轴线的颜色　Tekla Structures 使用深红色显示工作平面轴线。如果要更改工作平面轴线的颜色,操作步骤如下。

① 单击"工具"→"选项"→"高级选项"→"模型视图"。

② 修改高级选项 XS_GRID_COLOR_FOR_WORK_PLANE。使用 0 到 1 的 RGB 值定义颜色。例如,要将轴线颜色更改为绿色,可在数据框中填入 0.0 0.5 0.0,单击"确认"。

③ 关闭并重新打开视图,更改生效。

3.1.4.2　参考模型

参考模型可以是 3D 模型,也可以是简单的 2D 图纸,导入后可以用来辅助建造 Tekla Structures 模型,且不必逐个尺寸查找,可直接在参考模型中捕捉。

参考模型的输入支持以下文件类型：AutoCAD（*.dxf），AutoCAD（*.dwg），MicroStation（*.dgn、*.prp），CAD 模型（*.3dd），IFC 文件（*.IFC），IGES 文件（*.igs、*.iges），Tekla WebViewer XML 文件（*.xml）；最常见的是 AutoCAD（*.dwg）。

以本书案例中重绘的钢构 20.0.dwg 为例，每次打开 TS 模型时都会从钢构 20.0.dwg 中读取参考模型。我们可以捕捉钢构 20.0.dwg 中的点、线用于建模。当 TS 保存模型时，并不会同时保存钢构 20.0.dwg；如果希望下次打开模型时，参考模型仍然可以使用，那么要确保钢构 20.0.dwg 仍然存在并且在原来的位置。

（1）插入参考模型　在 Tekla Structures 模型中插入参考模型的详细操作过程如下。

① 打开 Tekla Structures 模型。检查工作平面位置，如不正确，需建立合理的工作平面。

② 单击"文件"→"输入参考模型"，调出属性对话框。

③ 单击"浏览"按钮查找参考模型文件。

④ 如果参考模型的比例和 Tekla Structures 模型的比例不同，应再次设置参考模型的比例。

⑤ 单击"应用"。

⑥ 在 Tekla Structures 模型中选点放置参考模型。选取的点即参考模型原点。原点显示为控柄。如果操作失误，那么 Tekla Structures 将显示一个白色交叉体，这是默认的无效参考模型。

（2）更新参考模型　如果将参考模型导入 Tekla 后，参考模型发生更改，需要更新 Tekla 模型中的这些参考模型，具体操作如下。

① 单击"文件"→"参考模型列表"。

② 单击"全部重新读入"，参考模型即重新生成缓存。

3.1.5　知识链接

如果不导入参考模型，采用 Tekla Structures 自带的门架组件来做，也可以形成门架，但由于此软件并没有基于中国标准进行汉化，生成的门架模型结果往往与图纸相差极大，需要进行大量的修改，修改的工作量甚至超过本书所介绍工作流程。

所以参考模型的导入是非常重要的一环，导入以后应与轴网正确吻合，初学者如出现无法导入，一般来说原因如下。

（1）在三维视图中操作，无法准确导入，应按 Ctrl+P 转入二维视图。

（2）导入的 CAD 图绘制不正确，左下角坐标应为（0，0）（Tekla 中可以识读 CAD 坐标）。

（3）工作平面的设置有问题。

3.2　门式刚架的柱

3.2.1　任务

（1）门式刚架的柱可分为哪两种？

（2）一个柱可拆成哪些板？

（3）门式刚架的柱的尺寸如何？

3.2.2　任务实施

（1）打开上次的模型。

（2）打开 3D、GRID2 两个视图，使之并列，选中 GRID2 视图（阴影表示的线框），Ctrl+P，使其变为二维视图。

（3）立柱的主体部分，应与导入的 CAD 完全重合。

① 双击柱图标，即会显示柱的"属性工具栏"，如图 3-15 所示。

② 修改属性，构件编号为 GZ，修改截面型材尺寸为 H510×200×6×10，如图 3-16 所示。

图 3-15　柱的属性工具栏

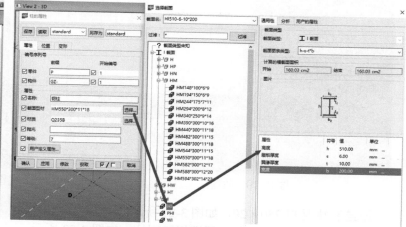

图 3-16　修改截面 H510×200×6×10

③ 选择材质 Q345B，一般自动生成的是 7，即为玫瑰色。可以根据设计选择其他等级颜色。如图 3-17 所示。

④ 选择"位置"→"高度"→"顶面"，输入高度 11000。如图 3-18 所示。

图 3-17　选择材质与等级

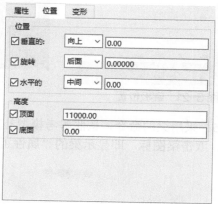

图 3-18　柱的位置与高度

⑤ 单击"应用"，参考设计图，放置于原点；如位置不正确，调整至正确的位置。如图 3-19 所示。

（4）运用切割命令切去多余部分。

① 线切割　把柱顶切出坡度。如图 3-20 所示。

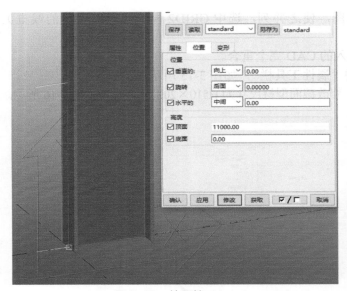

图 3-19　放置柱

图 3-20　线切割柱顶

② 绘制端板 PL250×20，如图 3-21 所示。

③ 用"零件切割"工具，用端板切割柱。如图 3-22 所示。

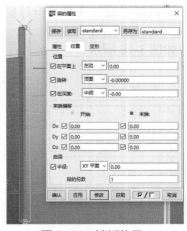

图 3-21　端板位置

(a) 切割前

(b) 切割后

图 3-22　端板切割柱

（5）采用梁的命令，依照参考模型补齐所有顶板、肋板、端板。

① 双击梁图标，即显示梁的"属性工具栏"。修改构件编号前缀，如图 3-23 所示。

图 3-23　梁的构件编号前缀

② 在梁的"属性工具栏"中填写：构件编号 GZ，修改截面 PL200×10（顶板）或 PL200×8（肋板）。选择材质 Q345B，选择等级颜色，点击应用或确认，如图 3-24 所示。

属性

☑ 名称:	柱顶	
☑ 截面型材	PL200*10	选
☑ 材质	Q345B	选
☑ 抛光		
☑ 等级:	7	
☑	用户定义属性...	

(a)

位置

☑ 在平面上	右边	0.00
☑ 旋转	顶面	0.00000
☑ 在深度:	中间	0.00

(b)

图 3-24 肋板的参数

③ 在建模区，单击起点 *A*、单击终点 *B*，调整位置，如图 3-25 所示。

④ 使用 "零件切割" 工具，用柱的腹板切割斜肋板，如图 3-26 所示。

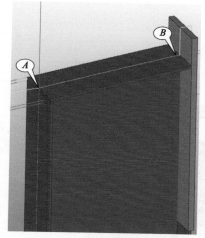

图 3-25 顶板的起点与终点

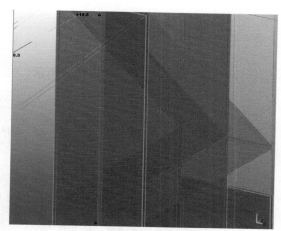

图 3-26 切割斜肋板

（6）将所有板焊接到柱的主体上，三维图可见湖绿色折线，表示焊缝所在位置，如图 3-27 所示。

（7）墙梁支座，女儿墙支座。

① 用设计图中的尺寸制作女儿墙支座，如图 3-28 所示。

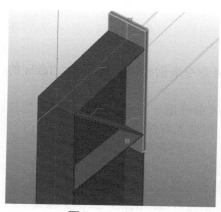

图 3-27 焊接

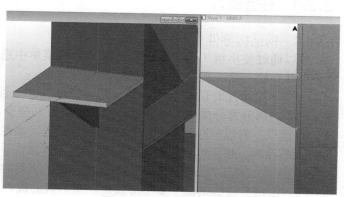

图 3-28 女儿墙支座

② 制作墙梁支座，如图 3-29 所示。

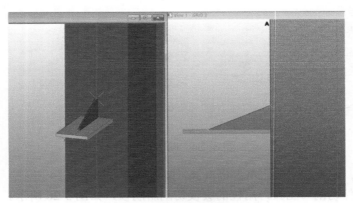

图 3-29　墙梁支座

3.2.3　任务结果

刚架柱顶三维与二维视图如图 3-30 所示。

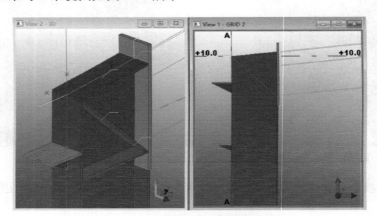

图 3-30　刚架柱顶三维与二维视图

3.2.4　任务资料

3.2.4.1　钢结构零件

可以通过使用钢工具栏中的图标或从建模菜单中选择命令来创建钢结构零件。Tekla 的常见零件有柱、梁、折梁、多边形板等。

（1）零件属性对话框　对话框包括两个部分。上面的部分用于保存、读取预定义的设置。下面的部分常分成 3 个标签页：属性、位置和变形，可输入部件的参数。

① 读取　将以前存储的节点属性载入对话框。属性从下拉列表框里选择。

② 另存为　按文本区内输入的名称存储节点属性。

③ 保存　单击"另存为"时文本区内输入的名称存储被修改之后的属性。

（2）创建多边形钢板　多边形板是任意形状的板。要创建多边形钢板，操作步骤如下。

① 单击创建多边形板图标。

② 选取起点。

③ 依次选取多边形板上的点。

④ 返回，再次选取起点，形成封闭多边形，创建多边形板。

（3）起点和终点　选择零件后，零件的起点显示为黄色，终点显示为红紫色。在移动零件的参考点时，必须了解零件的局部坐标系统是如何设置的。可以使用零件属性对话框的末端偏移区域中的框来移动零件的参考点，不推荐使用末端偏移区域中的框来伸长和减短零件。

（4）迷你工具栏　迷你工具栏是一个紧跟鼠标的小巧工具条，将鼠标放在任意对象（构件、零件）上，迷你工具栏就会半透明显示，单击之后变清晰，可更迅速定义对象属性。

1）自定义迷你工具栏的方法

① 选择一个对象，然后将鼠标指针移动到迷你工具栏上。

② 单击打开自定义迷你工具栏对话框。

③ 选择要在迷你工具栏中显示或隐藏的元素。

④ 预览区域显示工具栏的实际效果。

⑤ 向迷你工具栏中添加宏和用户定义属性：从下拉列表中选择某项宏和用户定义属性；单击添加到迷你工具栏，将该项宏和用户定义属性添加到可见元素列表中。

⑥ 自定义迷你工具栏完成后，单击"确认"。

2）迷你工具栏的使用方法

① 单击柱。柱高亮显示（黄色轮廓线），鼠标指针附近即会显示半透明状的迷你工具栏，如图 3-31 所示。

② 将指针移动到迷你工具栏上，工具栏变为清晰不透明状，如图 3-32 所示。

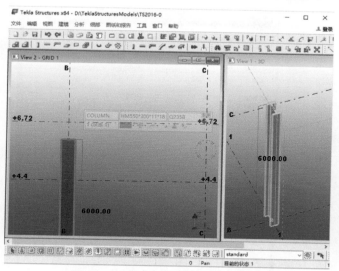

图 3-31　半透明状的迷你工具栏

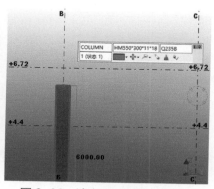

图 3-32　清晰不透明状工具栏

③ 在迷你工具栏中修改参数并按 Enter 键，柱的参数即被更改。

3.2.4.2　零件后期修正与处理

（1）对齐零件边缘　对齐零件边缘可将截面型材的末端对齐到所选的接合线。接合时，会自动删除截面型材的最短零件。在接合零件时，确保切割平面垂直于模型视图。接合时使用平面视图，使用捕捉最近点（线上点）捕捉开关。要接合零件边缘，操作步骤如下：单击"细部"→"对齐零件边缘"或"单击图标"；按提示选取要接合的零件；选取切割线的第一个点；选取切割线的第二个点。

（2）使用线切割零件　通过使用线切割零件命令可以调整截面型材末端的形状。在使用接合或线切割沿纵轴方向减短截面型材时，不会改变报告中的截面型材标记。使用线切割零件步骤如下：单击"细部"→"切割零件"→"线切割"或单击"线切割"图标。下部提示框会出现选取要切割的零件的提示；选取要切割的零件；选取切割线的第一个点；选取切割线的第二个点；选取要去除的一侧。

（3）使用另一零件切割零件　通过使用另一零件切割零件命令可以创建圆孔。图纸中也会标注圆孔的尺寸。但在创建圆孔时，最好使用创建螺栓命令；对于较大的孔，可增大孔的容许误差。

要使用另一零件切割零件，具体操作步骤如下：单击"细部"→"切割零件"→"零件切割"或单击"图标"；选取要进行切割的零件；选取将用于切割的另一个零件。

深蓝色线是切割线。可以双击切割线，更改其形状和尺寸。删除用于切割的零件，切割线将会保留。

（4）焊接

① 焊缝　在零件间创建焊接命令可以把零件组合成构件。构件由一个主零件和一个或多个次零件构成。在创建焊缝时，要先选取主零件，然后选取次零件。所以我们要及时把一些小零件焊接在主零件上以形成完整构件。选择工地或现场焊缝时，不会实际焊接零件。因此不建议使用在零件间创建焊接命令创建子构件。例如不建议将栓钉焊接到梁上。

② 在零件间创建焊缝　双击在零件间创建焊接的图标，如图 3-33 所示。输入或修改焊接属性，如图 3-34 所示。单击"应用"或"确认"，将这些设置定义为当前属性。依提示栏，选择要焊接到的零件（工厂焊缝中的主零件）。依提示栏，选择要被焊接的零件（工厂焊缝中的次零件）。

图 3-33　在零件间创建焊接　　　　　　　　图 3-34　焊接属性

（5）表面处理　在 Tekla 中，钢结构零件的表面处理仅在渲染视图中可见。重新定义零件的属性（例如更改零件的尺寸）时，将自动修改表面处理以适合零件。向所选区域添加表面处理，具体步骤如下。

① 单击"细部"→"创建表面处理"→"到零件表面的选择区域"。

② 选取表面处理的原点。

③ 选取一个点来表明表面处理的方向。

④ 选择要在其上应用表面处理的零件面区域：将鼠标指针移动到零件上，可以被选择的面会显示为蓝色；选择需要添加表面处理的零件面；在零件面上选取三个或更多点以定义多边形区域。

3.2.4.3　构件

在 Tekla 中，构件由主零件与一个或多个次零件组成。构件中的主零件不与其他任何构件的零件焊接或螺栓连接。如确有需要，也可以更改构件中的主零件。

（1）创建基本构件方法有两种：将零件添加到已有的构件作为次零件；将零件拴接或焊接到已有的构件作为次零件。

（2）将零件添加到已有的构件，创建构件。选择构件开关激活，如图 3-35 所示。选择要连接在一起的零件或构件，右键单击，从弹出菜单中选择"构件"→"做成构件"。

（3）创建子构件的方法　选中要包括在子构件中的零件，右键单击，从弹出菜单中选择"构件"→"添加为子构件"。

图 3-35　选择构件开关

（4）创建嵌套构件方法有四种

① 将零件添加到已有的构件作为次零件。

② 将构件拴接或焊接到已有的构件作为子构件。

③ 将构件添加到已有的构件作为子构件。

④ 连接已有的构件，而不添加任何松散零件。

嵌套构件中的子构件仍然保留原有的构件信息和主零件，也可以使用零件属性对话框分别定义子构件和嵌套构件的属性。

（5）从构件上删除对象的方法　右键单击要删除的零件或子构件，从弹出菜单中选择"构件"→"从构件中删除"。

（6）高亮显示构件中的对象　使用查询工具可检查哪些对象属于特定构件。要高亮显示构件中的对象，单击"工具"→"查询"→"构件对象"。选择属于构件的一个零件。Tekla 使用表 3-1 中的颜色，高亮显示属于同一构件的主次零件。

表 3-1　高亮显示主次零件

对象类型		高亮颜色
混凝土	主零件	红紫色
	次零件	青色
钢筋		蓝色
钢结构零件	主零件	橘黄色
	次零件	黄色

3.2.4.4 更改构件主零件

（1）检查构件的当前主零件，确保选择构件选择开关已激活，单击"工具"→"查询"→"构件对象"，选择构件。以本书实例中的柱为例，如图3-36所示。

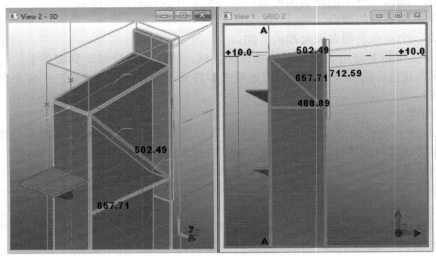

图3-36 构件的3D与2维视图

单击时将以不同颜色高亮显示主零件和次零件。如图3-37所示，图中以端板为主零件。

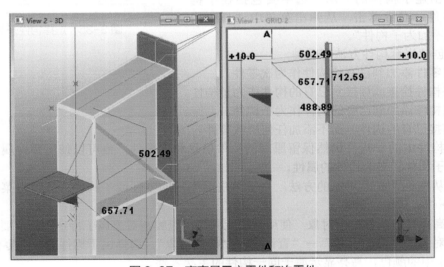

图3-37 高亮显示主零件和次零件

（2）确保选择构件中的对象选择开关已激活。

（3）单击"建模"→"构件"→"设为构件的新的主零件"。

（4）选择柱为新的主零件。将更改主零件，如图3-38所示。

3.2.5 知识链接

为了完成柱顶建模，钢构20.0.dwg要再次深化为钢构20.0-1.dwg，应加上一个斜肋板，同时在图中标注系杆与水平支撑、垂直支撑的中心位置，这是原设计图中没

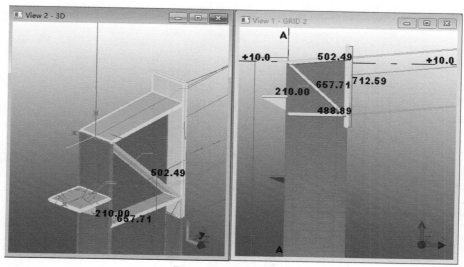

图 3-38　柱为主零件

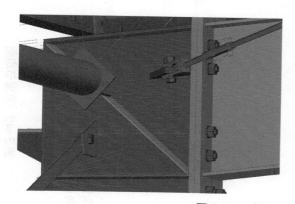

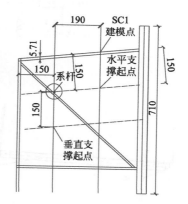

图 3-39　斜向肋板

有的，如图3-39所示。因为在柱顶有一个拉杆，拉杆必须有肋板来支撑，而且拉杆的中心应与水平支撑SC与ZC1的延长线交点重合，这是力学上的要求。这个肋板不管做成水平还是垂直都不行，因为不能与其他支撑碰撞，所以最终选择斜向支撑。

　　水平支撑的位置见图 3-39，距顶面 150mm，画参考模型只是为了找到一些构件的位置，所以图中并没有具体构件的外形，只有一个交点。大家自己绘制时中文的标注是不需要的，此处标注只是为了说明问题。

　　垂直支撑的位置，见图 3-39，为了建模方便，画成距侧面翼板 150mm，设计院出图的时候，默认大家都是看过图集的，所以有些很细的构造就省略不画。所以当看设计图无法理解实际构造时，可以参考图集，如07SG518-4，04SG518等，其中有一些三维图，非常有利于大家对构造的理解，如图 3-40、图 3-41 所示刚架肩部节点。

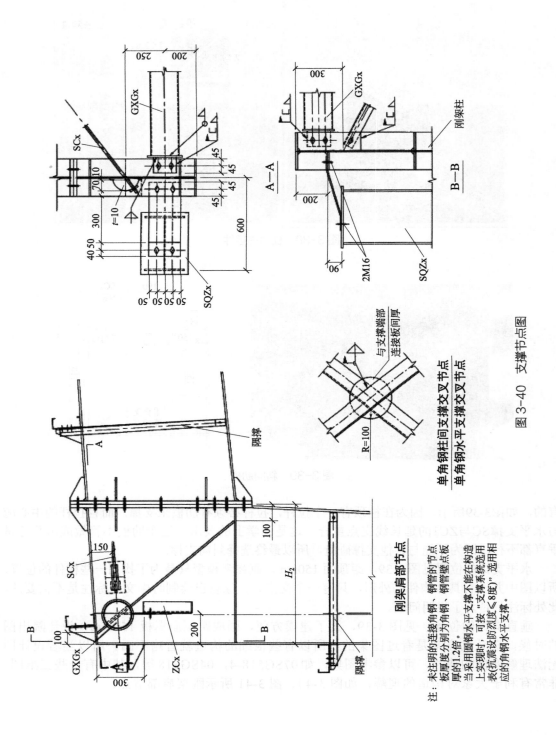

图3-40 支撑节点图

注：未注明的连接角钢、钢管的节点
板厚度分别为角钢、钢管壁点板
厚的1.2倍。
当采用圆钢水平支撑不能在构造
上实现时，可按"支撑系统选用
表(抗震设防烈度≤8度)"选用相
应的角钢水平支撑。

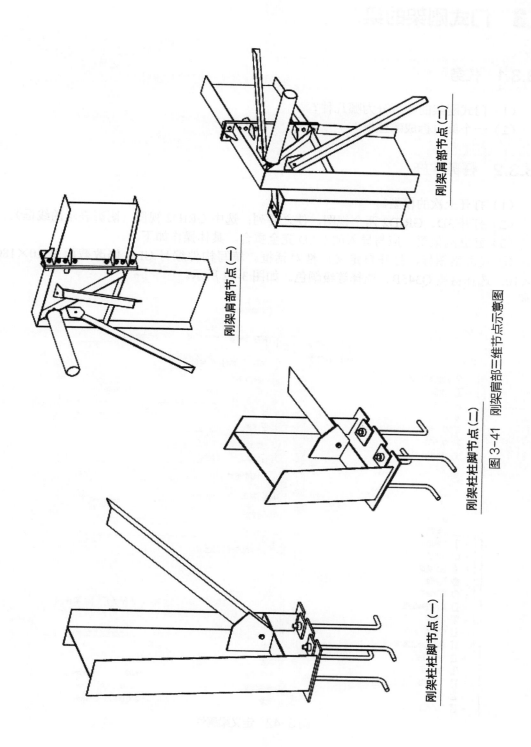

刚架肩部节点（一）

刚架肩部节点（二）

刚架柱柱脚节点（二）

刚架柱柱脚节点（一）

图3-41 刚架肩部三维节点示意图

3.3 门式刚架的梁

3.3.1 任务

（1）门式刚架的梁可分为哪几种？
（2）一个梁可拆成哪些板？

3.3.2 任务实施

（1）打开上次的模型。

（2）打开 3D、GRID2 两个视图，使之并列；选中 GRID2 视图（阴影表示的线框）。

（3）建立刚架梁，应与导入的 CAD 完全重合。具体操作如下。

① 双击梁图标，打开自定义属性对话框。填写构件编号 GL、修改截面 H510×180×6×10，选择材质 Q345B、选择等级颜色。如图 3-42 所示。

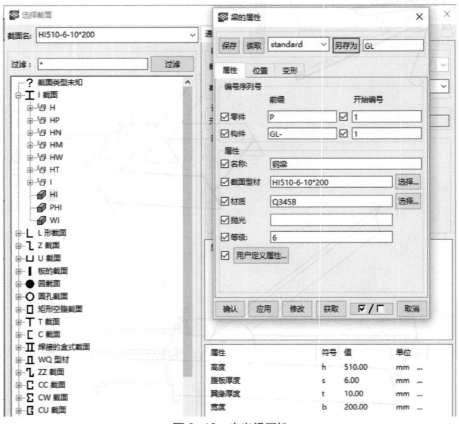

图 3-42　定义梁属性

② 点击"应用"或"确认"。

③ 在建模区，单击起点 A 如图 3-43 所示，单击终点 B 如图 3-44 所示。

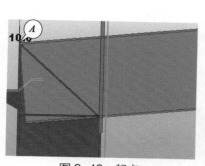

图 3-43　起点

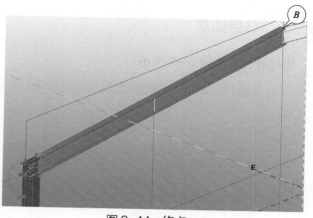

图 3-44　终点

（4）运用线切割命令切去多余部分，具体操作如下。

① 单击线切割图标，选取刚架梁为被切割的零件。如图 3-45 所示。

② 点取切割线的起点 A 与终点 B，如图 3-46 所示。

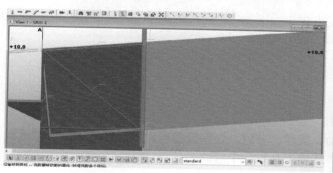

图 3-45　选取刚架梁

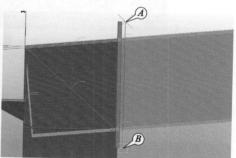

图 3-46　切割线起点 A 与终点 B

③ 单击切割线左侧，切去多余部分，如图 3-47 所示。

④ 采用梁的命令，依照 CAD 图补齐所有端板与肋板，如图 3-48 所示。双击梁图标，打开自定义属性对话框。填写：构件编号前缀 GL、修改截面 PL250×20（端板）或 PL200×8（肋板），选择材质 Q345B、等级颜色（与柱的肋板类似）。单击"应用"，在建模区内单击各板起点、终点。

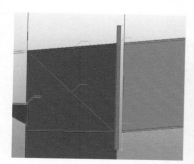

图 3-47　切割完成

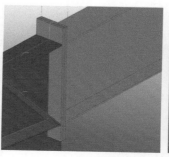

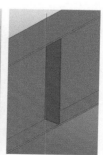

图 3-48　梁的端板与肋板

（5）将端板或肋板焊接到梁的主体上。

3.3.3 任务结果

梁柱连接处如图 3-49 所示。

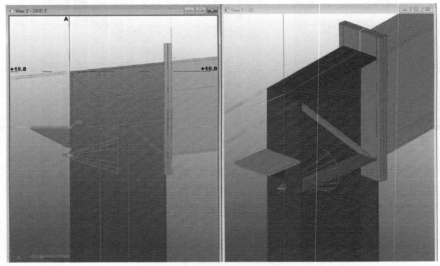

图 3-49　梁柱连接处

3.3.4 任务资料

零件位置可以通过设置把零件移动、旋转、分段。这些设置可以在"零件属性"对话框的位置选项卡中进行修改，也可以在"迷你工具栏"中修改。

3.3.4.1 平面

"在平面上"的位置指的是在 XY 工作平面上的位置，并不针对其他平面。

（1）零件控柄　由起点（黄色）指向终点（玫瑰红色）的一个线段，如图 3-50 所示。

图 3-50　零件控柄

（2）使用零件属性对话框中的"在平面上"选项可以查看和更改零件在 *XY* 工作平面上的位置，该位置总是相对于零件控柄，如图 3-51 所示。

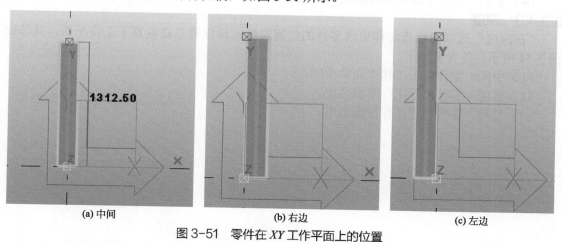

(a) 中间　　　　　　　　　　(b) 右边　　　　　　　　　　(c) 左边

图 3-51　零件在 *XY* 工作平面上的位置

（3）如果梁宽为 200mm，在工作平面上移动 100mm 的结果如图 3-52 所示。

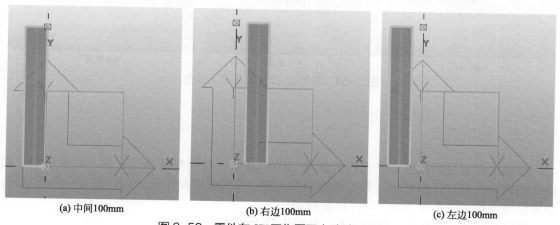

(a) 中间100mm　　　　　　　(b) 右边100mm　　　　　　　(c) 左边100mm

图 3-52　零件在 *XY* 工作平面上移动 100mm

3.3.4.2　旋转

"旋转"选项可以查看和更改零件在工作平面上绕其轴进行的旋转，也可以定义旋转角。Tekla 将绕局部坐标 *x* 轴顺时针旋转作为正值。如在图 3-53 中所示，以 T 梁的翼板为顶面，则操作及含义如下。

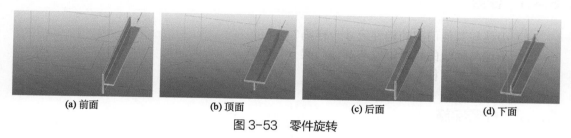

(a) 前面　　　　　　(b) 顶面　　　　　　(c) 后面　　　　　　(d) 下面

图 3-53　零件旋转

（1）前面　工作平面与零件的前部平面平行。

（2）顶面　工作平面与零件的顶部平面平行。

（3）后面　工作平面与零件的后部平面平行。

（4）下面　工作平面与零件的底部平面平行。

3.3.4.3 深度

"在深度"选项可以查看和更改零件的位置深度，该位置总是垂直于工作平面。具体如图 3-54 所示，各含义如下。

（1）中间　零件位于工作平面的中间。

（2）前面　零件位于工作平面之上。

（3）后部　零件位于工作平面之下。

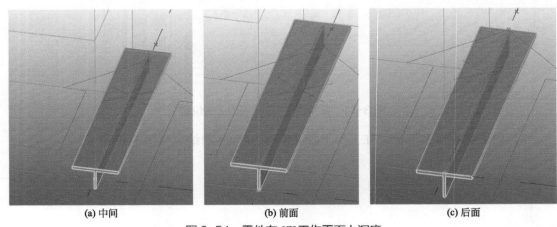

(a) 中间　　　　　　　　　(b) 前面　　　　　　　　　(c) 后面

图 3-54　零件在 XY 工作平面上深度

3.3.5　知识链接

墙梁支座与屋面檩托：在重绘的钢构 20.0.dwg 中，只绘制了墙梁支座，而未绘制屋面檩条的檩托；由设计图可知，其主要的原因，墙、梁的间距是不统一的，且方向各不相同，而屋面檩条的间距是统一的，即可以陈列。

墙梁与墙板、刚架柱之间的关系，如图 3-55 所示。

3.4　山墙

3.4.1　任务

（1）山墙与其他门架的构件尺寸一样吗？

（2）山墙与轴线的相对位置与其他门架一样吗？

（3）什么是摇摆柱？

3.4.2　任务实施

（1）打开上次的模型。

（2）打开 3D、PL0.0 两个视图，使之并列。

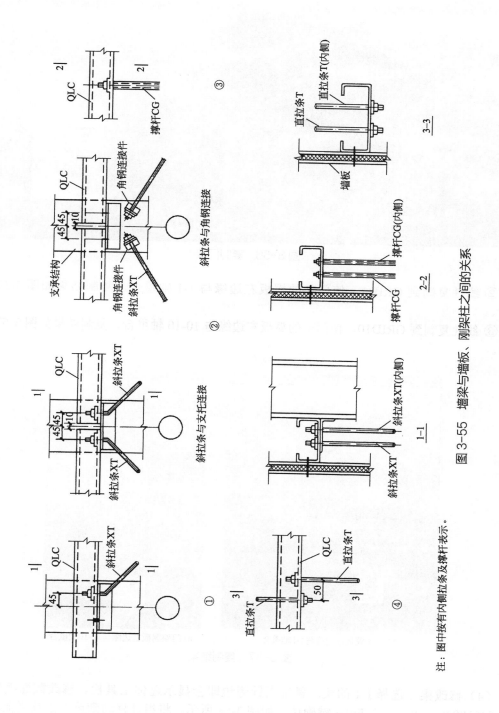

图 3-55　墙梁与墙板、刚架柱之间的关系

注：图中按有内侧拉条及撑杆表示。

（3）复制门架。

①选择 2 轴上的门架，右键单击"选择性复制"→"线性的"，如图 3-56 所示。

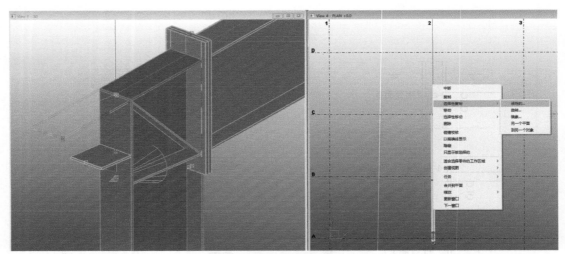

图 3-56 复制门架

②线性复制到 GRID1，使门架的翼板左边缘与 1-1 轴重合，复制结果如图 3-57（a）所示。

③线性复制到 GRID10，使门架的翼板右边缘与 10-10 轴重合，复制结果如图 3-57（b）所示。

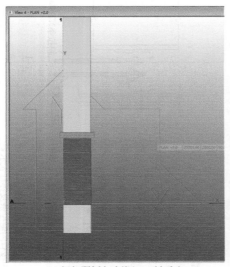
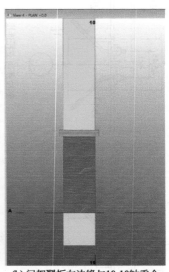

(a) 门架翼板左边缘与1-1轴重合　　(b) 门架翼板右边缘与10-10轴重合

图 3-57 复制结果

（4）修改梁 选择 1-1 的梁，鼠标指针旁边即会显示迷你工具栏。修改截面板尺寸为 H510×180×6×8，点击 Enter 键确认，如图 3-58 所示。将指针移动到迷你工具栏上，打开自定义迷你工具栏对话框。修改截面板尺寸为 H510×180×6×10，点击 Enter 键确认，如图 3-59 所示。

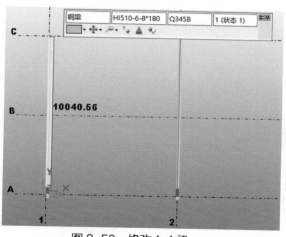

图 3-58　修改 1-1 梁

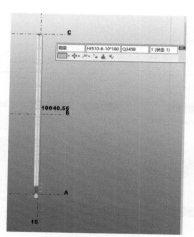

图 3-59　修改 10-10 梁

（5）立山墙柱（Grid10）

① 打开 Grid10，调整视图为"阴影表示的线框"。

② 单击柱图标，放置柱于 B 轴与 0.0 平面交点。

③ 打开柱的属性，修改构件编号为 KFZ，修改截面 H380×200×6×10。选择材质 Q345B，选择颜色等级 5，调整高度为 9992.00，如图 3-60 所示。

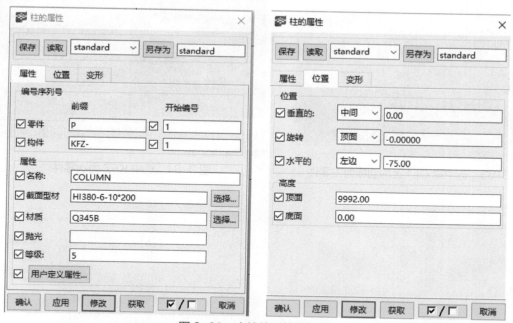

图 3-60　山墙的属性与位置

④ 点击"应用"或"确认"。

（6）使用组件 105 或 135 连接山墙柱与梁。单击组件目录，查找 105，如图 3-61 所示。调整参数如图 3-62 所示。依据左下提示栏，选中梁 GL1 上的肋板为主零件，如图 3-63 所示。依据左下提示栏，选中 KFZ 为次零件，如图 3-64 所示。单击鼠标中键，生成板与螺栓，如图 3-65 所示。选中绿色锥，单击鼠标右键，炸开节点，如图 3-66 所示。修正板尺寸，如图 3-67 所示。修正螺栓位置，如图 3-68 所示。保存模型。

图 3-61　查找 105

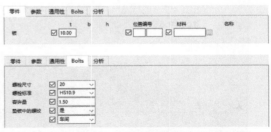

图 3-62　组件 105 的零件与 Bolt 参数填写

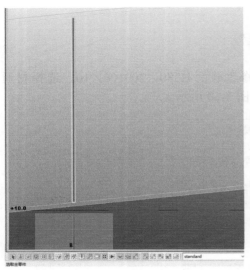

图 3-63　选中梁 GL1 上的肋板为主零件

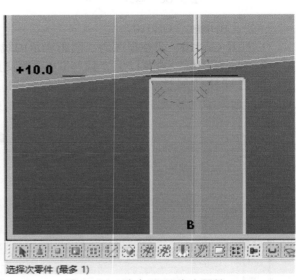

图 3-64　选中 KFZ 为次零件

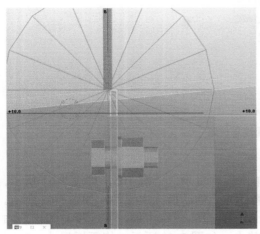

图 3-65　生成板与螺栓

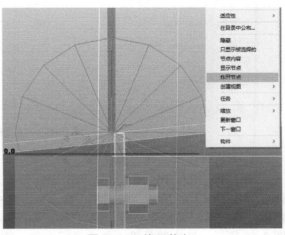

图 3-66　炸开节点

属性　位置　变形

位置
☑ 在平面上　右边　∨　3.00
☑ 旋转　顶面　∨　-0.00000
☑ 在深度:　后部　∨　-0.00

末端偏移
　　开始:　　　　■　末端:
Dx ☑ -30.00　　☑ 0.00
Dy ☑ 0.00　　　☑ 0.00
Dz ☑ 0.00　　　☑ 0.00

曲梁
☑ 半径:　XY 平面 ∨　0.00
　段的份数　　　　1

图 3-67　修正板尺寸

从...偏移

	起始点:	终点:
Dx ☑	165.00	☑ 0.00
Dy ☑	0.00	☑ 0.00
Dz ☑	0.00	☑ 0.00

图 3-68　修正螺栓位置

3.4.3　任务结果

山墙柱顶连接如图 3-69 所示。

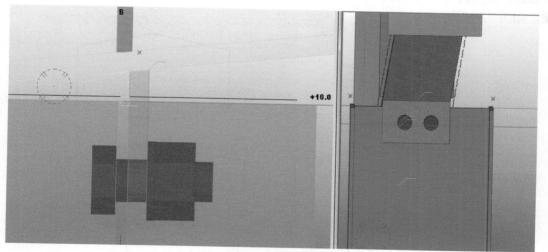

图 3-69　山墙柱顶连接

3.4.4　任务资料

3.4.4.1　编号

Tekla Structures 为模型中的每个零件和构件分配一个标记，标记包括零件或构件前置编号以及其他元素（如截面型材或材料等级），这个过程称为编号。

零件编号在构件的制造、运输和安装阶段至关重要。Tekla Structures 在生成图纸和报告以及输出模型时也使用编号来标识零件、浇筑体和构件。

在创建水平零件（如梁）时，最好保持一致并按从左到右、从下到上的顺序选取点，这样可确保 Tekla Structures 在图纸中采用相同的方法放置零件并标注尺寸，且自动在零件同一端显示零件标记。如果梁的方向、柱的方向等属性不同，Tekla Structures 会将零件视为不同零件，因此也会为其指定不同的编号。

3.4.4.2　定义编号序列

可以使用编号序列将钢结构零件、浇筑体和构件进行分组，例如给不同状态或零件类型指定单独的编号序列。编号序列的名称由一个前缀和一个开始编号组成；可以不定义零件。当进行编号时，Tekla 将该零件与属于同一序列的其它零件进行比较；同一编号序列中的所有相同零件将赋予相同的零件编号。

编号序列号		
	前缀	开始编号
☑ 零件	P	☑ 2001
☑ 构件	COL-	☑ 1

图 3-70　编号序列

如图 3-70 所示，用 P 和开始编号 2001 定义一个编号序列，Tekla 会将该序列零件依次编号为 P2001、P2002、P2003。

3.4.5　知识链接

3.4.5.1　门式刚架的结构布置

门式刚架结构以柱、梁组成的横向刚架为主受力结构；刚架为平面受力体系，为保证纵向稳定，设置柱间支撑和屋面支撑。门式刚架由结构形式不同，按跨度可分为单跨、双跨和多跨；按屋面坡脊数可分为单坡、双坡、多坡屋面。按截面形式分，可分为等截面与变截面，如图 3-71 所示。

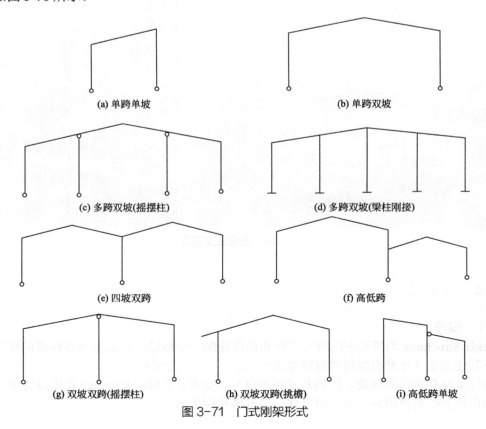

(a) 单跨单坡　　　　　　　　　　(b) 单跨双坡

(c) 多跨双坡(摇摆柱)　　　　　　(d) 多跨双坡(梁柱刚接)

(e) 四坡双跨　　　　　　　　　　(f) 高低跨

(g) 双坡双跨(摇摆柱)　　(h) 双坡双跨(挑檐)　　(i) 高低跨单坡

图 3-71　门式刚架形式

（1）刚架的建筑尺寸和布置

① 跨度 一般为 9 ～ 24m。

② 高度 取地坪柱轴线与斜梁轴线交点高度，宜取 4.5 ～ 9m。

③ 柱距 应综合考虑刚架跨度、荷载条件及使用要求等因素，宜取 6m、7.5m、或 9m，最大宜为 12m。

④ 挑檐长度 根据使用要求确定，宜为 0.5 ～ 1.2m。

⑤ 温度分区 纵向温度区段不大于 300m 横向温度区段不大于 150m。

（2）檩条和墙梁的布置

① 檩条 一般应等间距布置，但在屋脊处应沿屋脊两侧各布置一道，在天沟附近布置一道。

② 墙梁 墙梁的布置，应考虑设置门窗、挑檐、雨篷等构件和围护材料的要求。门式刚架轻型房屋钢结构的侧墙，在采用压型钢板作围护面层时，墙梁宜布置在刚架的外侧，其间距随墙板板型及规格而定。

（3）支撑的布置原则 在每个温度区段或分期建设的区段中，应分别设置能独立构成空间稳定结构的支撑体系。在设置柱间支撑的开间，应同时设置屋盖横向支撑，以构成几何不变体系。屋面端部支撑宜设在温度区段端部的第一个或第二个开间。柱间支撑的间距应根据房屋纵向柱距、受力情况和安装条件确定。当无吊车时宜取 30 ～ 45m；当有吊车时宜设在温度区段中部；当温度区段较长时宜设在三分点处，间距常取 40 ～ 60m，且不宜大于 60m。当建筑物宽度大于 60m 时，在内柱列宜适当增加柱间支撑。房屋高度较大时，柱间支撑要分层设置。端部柱间支撑考虑温度应力影响宜设置在第二柱间。当房屋内设有不小于 5t 的吊车时，柱间支撑宜用型钢；当房屋中不允许设置柱间支撑时，应设置纵向刚架。

（4）刚性系杆的布置原则 刚架转折处（单跨房屋边柱柱顶和屋脊，以及多跨房屋某些中间柱顶和屋脊）宜沿房屋全长设置刚性系杆。刚性系杆可由檩条兼作，此时檩条应满足压弯杆件的刚度和承载力要求，若刚度或承载力不足，可在刚架斜梁间设置钢管、H 型钢或其他截面形式的杆件。

3.4.5.2　变截面刚架与等截面刚架

当厂房横向跨度不超过 15m、柱高不超过 6m 时，屋面刚架梁宜采用等截面刚架形式；当厂房横向跨度大于 15m、柱高超过 6m 时，则宜采用变截面刚架形式。柱和梁采用变截面形式时，截面形状与内力图形应附合好，受力合理、节省材料。变截面刚架在构造连接及加工制造方面不如等截面刚架方便。

3.4.5.3　山墙柱与刚架梁的连接

山墙柱与刚架梁的连接也可以不用 105 或 135，直接做一个板，再打上螺栓。山墙柱的高度 9992 是作者自己建模的经验所得，实际工作中在柱顶与梁底间留下一定的距即可。山墙柱与刚架的连接形式还有其他几种类型，如图 3-72 所示。

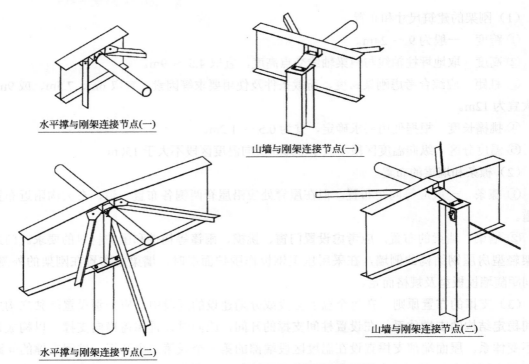

水平撑与刚架连接节点(一)

山墙与刚架连接节点(一)

水平撑与刚架连接节点(二)

山墙与刚架连接节点(二)

图 3-72　山墙柱与刚架的连接形式

思考与练习

1. 掌握零件与构件的概念。
2. 尝试建立图 3-72 山墙柱与刚架的连接形式中示意的山墙柱。

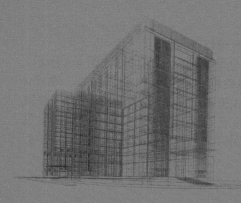

第*4*章
螺栓与底板

4.1 螺栓

4.1.1 任务

（1）螺栓分为哪几种？
（2）螺栓组中的 X 向是轴网的 X 轴吗？

4.1.2 任务实施

（1）打开上次保存的模型。
（2）打开 3D 和 GRID2 两个视图，使之并列，选中 GRID2 视图（阴影表示的线框），Ctrl+P，如图 4-1 所示。

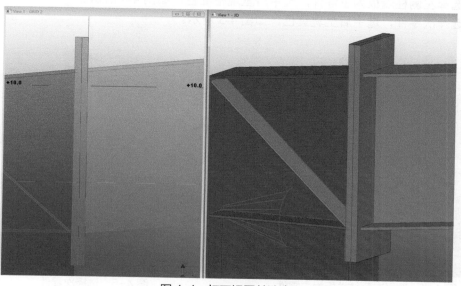

图 4-1　打开视图并选中

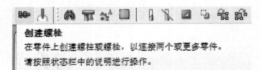

创建螺栓
在零件上创建螺栓或螺栓,以连接两个或更多零件。
请按照状态栏中的说明进行操作。

图 4-2　创建螺栓

（3）梁柱端板连接
① 单击创建螺栓工具图标,如图 4-2 所示。
② 在属性框中填写螺栓组的参数,螺栓 x 向间距填写 120 80 210 80 120;螺栓 y 向间距填写 110;起始点 Dx 填写 50;勾选零件长孔及组件,利用"另存为"保存设置,如图 4-3 所示。

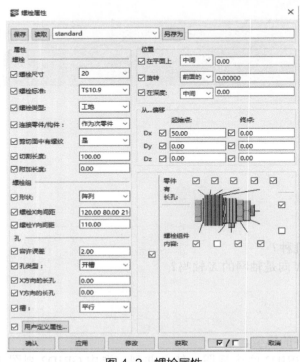

图 4-3　螺栓属性

③ 选择左侧柱端板为主零件,选中后呈现橙红色,如图 4-4 所示。
④ 选择次零件,选中后呈现黄色,如图 4-5 所示。

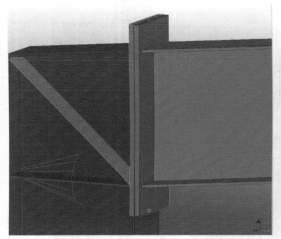

图 4-4　选择左侧柱端板为主零件

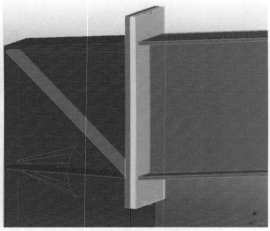

图 4-5　选择次零件

⑤ 单击鼠标中键以完成零件选取。

⑥ 在 GRID2 视图上选取 *A* 点作为螺栓组原点。选取 *B* 点以指定螺栓组的 *x* 方向，如图 4-6 所示。

⑦ 生成螺栓组如图 4-7 所示。

图 4-6　螺栓组原点与 *x* 方向

图 4-7　螺栓组生成

⑧ 选中螺栓（灰色），在螺栓属性面板上调整旋转，选择顶面，如图 4-8 所示。

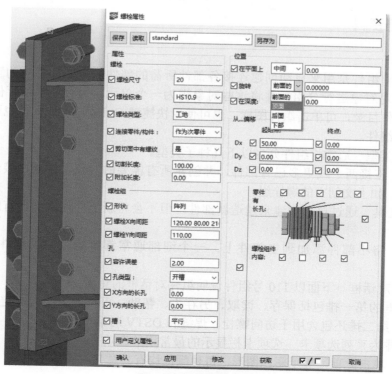

图 4-8　旋转的调整

（4）保存模型。

4.1.3 任务结果

端板螺栓如图 4-9 所示。

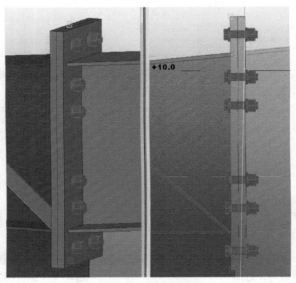

图 4-9 端板螺栓

4.1.4 任务资料

4.1.4.1 组件

（1）概念　组件是用来自动创建连接各部件所需的部件、焊缝和螺栓的工具，可以自动执行任务并对对象进行分组，并将这些对象视为一个单元。所有组件都存储在组件目录中。要打开组件目录，可单击组件图标，也可使用快捷键 Ctrl+F。设计人员也可以自己创建组件，即用户组件。

（2）组件类型　通常将组件分为以下几种子类型。

① 连接　连接两个或更多已有部件，并创建所有需要的对象（切割、接合、部件、螺栓、焊缝等），如上文创立的螺栓组。

② 建模工具　通过自动创建来建造新部件，但不会将新部件连接到已有的部件（如楼梯）上。

③ 细部　将小部件添加到主部件上。一个细部通常都有特定的主部件，如加劲肋、底板等。

（3）组件对话框　下面以 110 号组件说明组件对话框的意义。

1）对话框的第一排包括保存、读取、另存为、帮助，可以保存并读取定义的设置。对于某些组件，第二排还包含用于访问螺栓、焊缝和 DSTV 对话框的按钮。

2）第三排为系列选项卡　选项卡栏显示的最常用的选项有：

① 图形　单击此项，显示彩色图形，每种颜色均有其意义，具体如下。

a. 白色　属性值，可勾选后填入数值予以调整。

b. 黄色　利用本组件新创建的部件。

c. 蓝色　本组件原有的部件（即被连接的部件）。

d. 绿色　原点符号，指示连接或细部的方向。

e. 黑色数字　编号，连接的默认选取顺序。

② 节点板、支柱　用于定义由组件所创建的部件的尺寸、位置等属性。

③ 螺栓　用于定义螺栓数目以及它们的边距。

④ 设计、分析　一般不输入参数。

3）创建连接方法　参数输入完成，保存后，单击"应用"，可创建连接，连接的默认选取顺序为：

① 主部件。

② 次部件。如果存在多个次部件，可选取部件后单击鼠标中键创建连接。复杂的连接对话框使用编号指示部件的选取顺序，如图 4-10 中，选取顺序依次为 1-2-3-4-5。

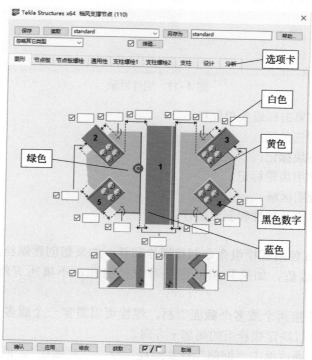

图 4-10　110 号组件对话框

（4）组件目录　要打开组件目录，可使用快捷键 Crtl+F，或单击组件工具栏上的小图标，组件目录用途如图 4-11 所示。其中：

① 搜索；

② 查看文件夹；

③ 查看细部；

④ 查看缩略图；

⑤ 显示 / 隐藏说明；

⑥ 使用组件工具，并配合使用上一次使用该工具时所利用的该工具的当前属性来创建一个组件；

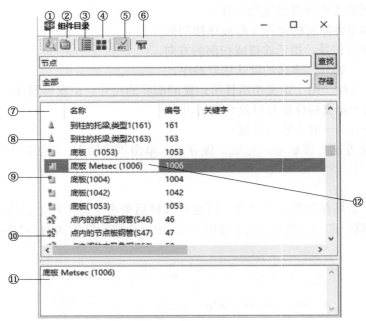

图 4-11　组件目录

⑦ 列分类排序（单击标题头单元格）；

⑧ 连接类组件用三角形；

⑨ 细部组件用方块标记；

⑩ 建模工具组件用齿轮标记；

⑪ 所选定组件说明区域；

⑫ 双击名称框可设置属性和创建组件。

4.1.4.2　螺栓组

（1）概念　Tekla 使用螺栓组命令创建螺栓和孔。如果想创建螺栓，螺栓组件内容复选框中应按设计填入数值；如果只想创建不带螺栓的孔，不填所有螺栓组件内容复选框即可。

　　螺栓组常用于连接两个或多个截面型材，螺栓可以贯穿一个或多个截面型材。插入螺栓组时，选取两个点以决定螺栓组的局部 x 方向。

（2）螺栓属性　通过单击"细部"→"螺栓"→"创建螺栓"，或单击螺栓图标以打开螺栓属性对话框，如图 4-3 所示，螺栓各属性含义如下。

① 螺栓尺寸　螺栓直径，可用直径取决于选择的螺栓标准。

② 螺栓标准　在螺栓目录中定义的螺栓构件标准，如 HS10.9。

③ 螺栓类型　指示螺栓是在工地固定还是在工厂固定；默认设置为工地。

④ 连接零件 / 构件　指示要连接的是次零件还是子构件。

⑤ 剪切面中有螺纹　指示材料内部是否可以出现螺纹。

⑥ 切割长度　由螺栓连接的零件厚度决定。默认使用切割长度值的一半在螺栓组平面的两侧方向连接零件。如果要将螺栓长度强制设为某一特定值，输入一个负长度值。螺栓组的切割长度属性确定零件位于沿螺栓轴线的距离范围内，才能接触到螺栓组。

⑦ 附加长度　螺栓附加长度。

⑧ 形状 螺栓组的形状，可选项有阵列、圆和 *xy* 阵列。

⑨ 螺栓 *x* 向间距 螺栓间距、数量或者坐标，由螺栓组的形状确定。

⑩ 螺栓 *y* 向间距 螺栓间距、螺栓组直径或坐标，由螺栓组的形状确定。

⑪ 容许误差 螺栓和孔之间的净距。

⑫ 孔类型 扩大孔或长孔。在选中部件所有长孔复选框后才可激活该字段。

⑬ *x* 方向的长孔 长孔的 *x* 容许误差，圆孔为零。

⑭ *y* 方向的长孔 长孔的 *y* 容许误差，圆孔为零。

⑮ 槽 槽孔的旋转；选项有奇数、偶数和平行。

⑯ 在平面上 工作平面上螺栓组相对于螺栓组 *x* 轴的位置。

⑰ 旋转 螺栓组围绕其 *x* 轴旋转的角度。

⑱ 深度 螺栓组相对于工作平面的位置。

⑲ *Dx*、*Dy*、*Dz* 通过移动螺栓组 *x* 轴来移动螺栓组的偏移量。

（3）创建螺栓组 圆形螺栓组的创建操作如下。

① 单击细部→螺栓→创建螺栓或单击螺栓图标。

② 在形状列表框中螺栓组的形状项目下，选择圆来创建圆形螺栓组。填写螺栓个数、圆的直径。

③ 选择主零件。

④ 选择次零件。

⑤ 单击鼠标中键以完成零件选取。

⑥ 选取一个点作为螺栓组原点。

⑦ 选取第二个点以指定螺栓组的 *x* 方向。

（4）编辑螺栓组 如果螺栓组中的螺栓没有正确连接所有板，那么螺栓会陷入未被连接的板中，可以编辑这些螺栓，修改主零件与次零件。操作步骤如下。

① 右键单击螺栓组并选择螺栓部件（确认选择工具打开），将会高亮显示螺栓零件。

② 按照提示栏中的提示依次选择所连接的主零件与次零件。Tekla 即会按照新的零件厚度调整螺栓长度，正确连接。

4.1.5 知识链接

4.1.5.1 螺栓的种类

螺栓连接分为普通螺栓连接和高强度螺栓连接两种。钢结构连接用螺栓性能等级分为 3.6、4.6、4.8、5.6、6.8、8.8、9.8、10.9、12.9 等 10 个等级，其中 8.8 级及以上螺栓材质为低碳合金钢或中碳钢并经热处理（淬火、回火），统称为高强度螺栓，其余等级螺栓统称为普通螺栓。

螺栓性能等级标号由两部分数字组成，分别表示螺栓材料的公称抗拉强度值和屈强比值。例如，性能等级为 4.6 级的螺栓，其含义如下。

（1）螺栓材质公称抗拉强度达 400MPa 级。

（2）螺栓材质的屈强比值为 0.6。

（3）螺栓材质的公称屈服强度达 400×0.6=240MPa。

性能等级为 10.9 级高强度螺栓，其材料经过热处理后，能达到如下要求。

（1）螺栓材质公称抗拉强度达 1000MPa 级。

（2）螺栓材质的屈强比值为 0.9。

（3）螺栓材质的公称屈服强度达 $1000 \times 0.9 = 900\text{MPa}$ 级。

高强度螺栓连接由一个高强度螺栓、一个螺母和一个（或两个）垫圈组成，即高强度螺栓连接副。目前我国有两种形式的高强度螺栓连接副，一种是大六角头高强度螺栓连接副，另一种是扭剪型高强度螺栓连接副；要求在同批内配套使用。施工时，先用粗制螺栓将结构临时固定，待结构安装找正后，再从螺栓群中部开始逐个将粗制螺栓换上高强度螺栓并进行初拧，初拧后再顺次进行复拧和终拧。

进行大六角头高强度螺栓连接副安装时，螺栓两边应各加一个垫圈。进行扭剪型高强度螺栓连接副安装时，应仅在螺母一侧加一个垫圈。

4.1.5.2 螺栓组的局部 x 轴

一般默认为被连接板的中心线；由于在 GRID2 默认工作平面就在中心线上。所以本书建模时在平面视图 GRID2 上点取起点与中点。

4.2 柱脚节点

4.2.1 任务

（1）Tekla Structures 的底板有哪些？是否均能使用。

（2）用组件建立模型较快还是自己依次建板、螺栓、抗剪键、垫板？

4.2.2 任务实施

（1）打开上次的模型。

（2）打开 3D 视图。

（3）柱脚节点参数设置。

① 按 Crtl+F 打开组件目录。

② 在搜索文本框中键入"1014"，然后单击"查找"，如图 4-12 所示。

③ 图形选项卡　输入零件数值，如图 4-13 所示。

图 4-12　搜索 1014 组件

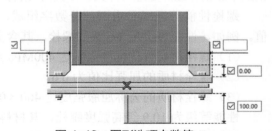

图 4-13　图形选项卡数值

④ 零件选项卡　输入零件数值，如图 4-14 所示。

⑤ 参数选项卡　选择底板（1014）。选"柱＋底板"，选带孔底板，孔的直径输入 50，如图 4-15 所示。

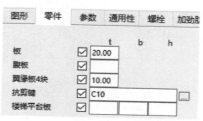

图 4-14　零件选项卡

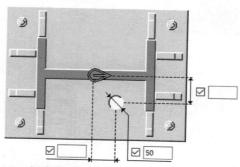

图 4-15　参数选项卡

⑥ 在螺栓选项卡中输入参数，如图 4-16 所示。

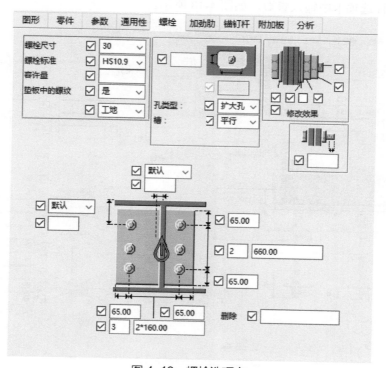

图 4-16　螺栓选项卡

⑦ 在加劲肋选项卡中输入参数，如图 4-17 所示。

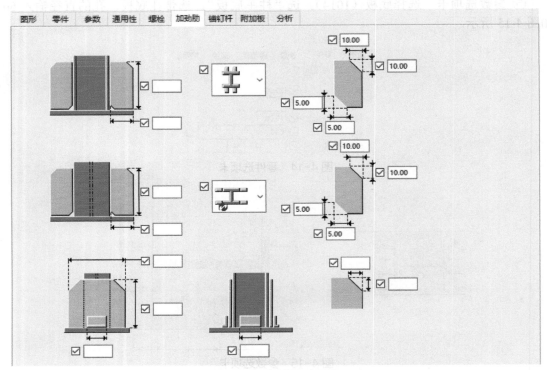

图 4-17　加劲肋选项卡

⑧ 在锚钉杆选项卡中输入参数，如图 4-18 所示。

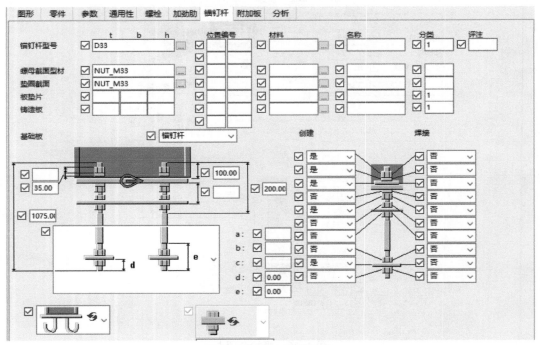

图 4-18　锚钉杆选项卡

⑨ 在附加板选项卡中输入参数（截面旋转：顶端），如图 4-19 所示。

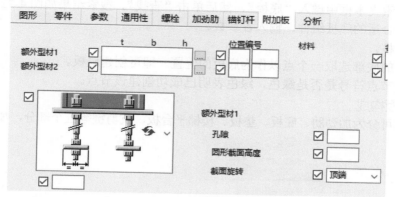

图 4-19　附加板选项卡

（4）依照提示栏提示选择柱，在 2-9 门式刚架柱的底部端点，创建底板。

（5）检查节点符号是否为绿色，绿色表明已成功创建该节点。

（6）在 1—1 轴，10—10 轴，依照 1 ～ 5 步骤，按照设计图调整参数，安装柱脚，如图 4-20 所示。

（7）保存模型。

4.2.3　任务结果

结果如图 4-21 所示。

图 4-20　创建底板

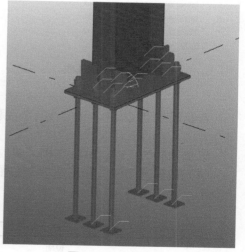

图 4-21　柱脚

4.2.4　任务资料

4.2.4.1　底板

在 Tekla 中，柱脚被称为底板，组件中自带大量各种类型的底板。在创建底板细部之前，必须有一个钢柱；要创建底板细部，一般执行以下操作。

（1）按 Crtl + F 打开组件目录或直接单击组件图标。

（2）在搜索文本框中键入"底板"，然后单击"查找"。搜索结果如图 4-22 所示。

（3）选择合适的底板组件，输入各参数。

（4）选择柱。

（5）在柱的底部选取一个点以作为底板的位置。即可创建底板。

（6）检查节点符号是否是绿色，绿色表明已成功创建该节点。

4.2.4.2　底板构成

底板一般可分为加劲肋、底板、垫板、楼梯平台板、抗剪键等五个部分，如图 4-23 所示。

图 4-22　搜索底板

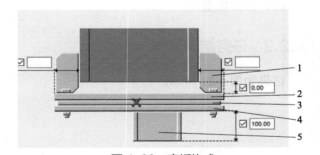

图 4-23　底板构成

1—加劲肋；2—底板；3—垫板；4—楼梯平台板；5—抗剪键

在我国通用底板中，通常没有垫板和楼梯平台板，所以无需输入垫板和楼梯平台板参数。

4.2.4.3　选项卡

以加劲肋的底板 (1014) 为例，参数选项卡如下。

（1）图形选项卡　图形选项卡如图 4-23 所示，左侧是肋板的宽度，右侧的 3 个参数由上至下，意义如表 4-1 所示。

表 4-1　图形选项卡参数

序号	说明	是否输入数值
1	定义翼缘到底板边缘的距离，输入负值可增大底板	一般无需输入，因为螺栓间距也可调整底板
2	定义焊缝间隙	一般可输入 0 ~ 10
3	定义抗剪键高度	按设计图输入高度

（2）零件选项卡　使用零件选项卡可以控制各种板的尺寸，在底板中，通常仅需输入板、翼缘板、抗剪键参数，意义如表 4-2 所示。

表 4-2　零件选项卡参数

序号	项目	国内名称	说明	是否输入数值
1	板	底板	定义底板的厚度	按设计图输入
2	翼缘板 4	锚杆垫板	定义锚杆垫板的厚度	可输入厚度，如不输入；默认 10mm
3	抗剪键	抗剪键	从型材目录中进行选择来定义抗剪键型材。	按设计图输入，如不输入；默认 H300

（3）参数选项卡　可选柱与底板的主次关系、是否带灌浆孔，如带孔需输入孔的尺寸与位置。各项意义如表 4-3 所示。

表 4-3　参数选项卡参数

序号	选项	说明
1	默认	等同于"底板 + 柱"
2	柱	将柱设置为主零件
3	柱 + 底板	可将柱设置为主零件并将底板设置为次零件
4	底板 + 柱	可将底板设置为主零件并将柱设置为次零件

（4）螺栓选项卡如图 4-24 所示，按设计输入螺栓的尺寸与位置参数，如表 4-4 所示。

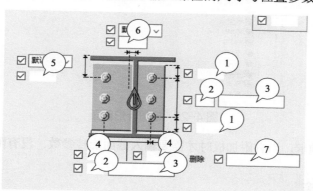

图 4-24　螺栓选项卡

表 4-4　螺栓选项卡参数

序号	说明	是否输入数值
1	定义螺栓组的垂直位置尺寸	按设计图输入
2	定义螺栓数量	按设计图输入一列（排）螺栓个数
3	定义螺栓间距	为螺栓间的每个间距输入一个值，使用空格分隔螺栓间距值。例如有 3 个螺栓则输入 2 个值。
4	定义螺栓组的水平位置尺寸	输入螺栓距离板左右边的尺寸
5	定义螺栓距离板边的距离	可不输入
6	定义底板中心与柱中心的偏差距离	可不输入
7	定义从螺栓组中删除哪些螺栓	一般可不输入；如需删除，输入要删除的螺栓的螺栓编号，用空格分隔。螺栓编号从左到右、从上到下排列

（5）加劲肋选项卡，输入加劲肋的位置与切角参数。

（6）锚钉杆选项卡，输入参数注意修改螺母与垫圈截面为螺母外形，如图 4-25 所示，默认截面为圆形，其余尺寸按设计输入。

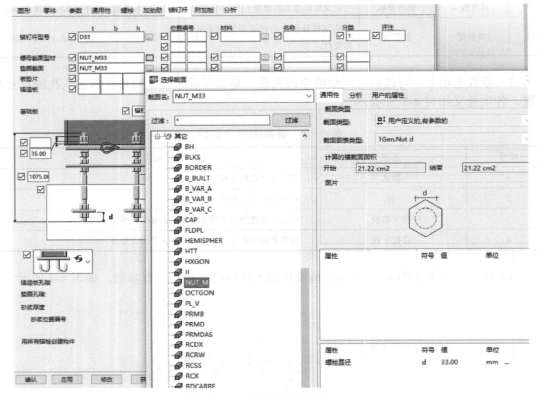

图 4-25　螺母外形截面

（7）附加板选项卡，当有附加板时才需要输入截面旋转参数，没有附加板无需输入参数。

4.2.5　知识链接

4.2.5.1　门式刚架基础形式

常见的基础形式有独立基础、条形基础、片筏基础、箱形基础、桩基等等，对于门式刚架结构，由于柱网尺寸较大，上部结构传至柱脚的内力较小，一般以独立基础为主；若地质条件较差，可考虑采用条形基础；遇到不良地质情况，可考虑采用桩基础。其他基础形式较少见。

4.2.5.2　刚接和铰接柱脚

刚接与铰接在力学上的区别在于是否能传递弯矩，刚接或铰接柱脚在识图上看主要是锚栓布置不同。铰接柱脚一般采用两个锚栓［见图 4-26（a）］，以保证其可转动，但有时考虑锚栓质量问题及安全问题，也可布置四个锚栓［见图 4-26（b）］。锚栓尽量接近，以保证柱脚可在一定范围转动。

刚接柱脚一般采用四个或四个以上锚栓连接［见图 4-26(c)］。图 4-26(c) 中采用六个锚栓，可以认为柱脚不能转动。图 4-26 中前三种柱脚均为锚板式柱脚，构造简单，是工程上常用的柱脚型式；另外还有一种柱脚型式，即靴梁式柱脚［见图 4-26（d）］，此种柱脚有一定高度，使其刚度更好，但这种柱脚制作麻烦，耗工耗材，正逐渐被其他柱脚型式所代替。

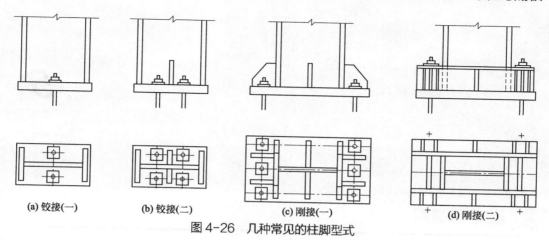

图 4-26　几种常见的柱脚型式

4.2.5.3　锚栓

锚栓是将上部结构荷载传递给基础，在上部结构和下部结构之间起桥梁作用。锚栓主要作为安装时临时支撑，保证钢柱定位和安装稳定性。将柱脚底板内力传给基础。锚栓常采用 Q235 或 Q345 钢制作，分为弯钩式和锚板式两种。直径小于 M39 的锚栓，一般为弯钩式［见图 4-27（a）］，直径大于 M39 的锚栓，一般为锚板式［见图 4-27（b）］。

对于铰接柱脚，锚栓直径由构造确定，一般不小于 M20；对于刚接柱脚，锚栓直径由计算确定，一般不小于 M30。锚栓长度由钢结构设计手册确定，若锚栓埋入基础中长度不能满足要求，则考虑将其焊于受力钢筋上。为方便刚架柱的安装和调整，柱底板上锚栓孔为锚栓直径的 1.5 倍［见图 4-28（a）］，或直接在底板上开缺口［见图 4-28（b）］。底板上应该设置锚栓的垫板，垫板尺寸厚度根据设计确定，垫板上开孔较锚栓直径大 1～2mm，待安装、校正完毕后可将垫板焊于底板上。

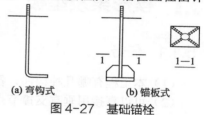

图 4-27　基础锚栓

图 4-28　柱脚底板开孔

我国钢结构设计规范不允许锚栓抗剪的。剪力是通过底板和基础顶面的摩擦力来传递的，若不满足要求则须设抗剪键。抗剪键可使用高度 100mm 左右槽钢、钢板、角钢等。

思考与练习

不使用底板工具，尝试用板、螺栓工具制作柱脚。

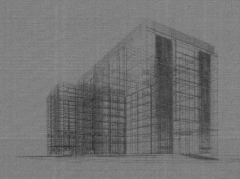

第 *5* 章
吊车梁

重点和难点

1. 找到垫板的位置。
2. 为吊车梁加肋。

5.1 楔形梁及垫板

5.1.1 任务

（1）本工程有哪几种构件？各构件尺寸如何？

（2）可以直接用垂直支撑节点吗？

5.1.2 任务实施

（1）打开上次的模型。

（2）打开 3D、GRID1 两个视图，使之并列；选中 GRID2 视图。

（3）在参考设计图在 CAD 中绘出牛腿后，三点定义工作平面，输入参考模型钢构 20.0.dwg 如图 5-1 所示。

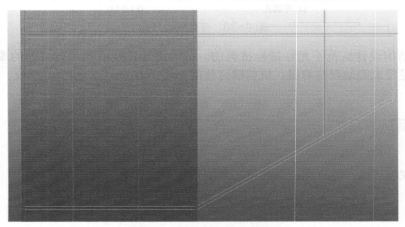

图 5-1　输入牛腿参考模型

（4）在 6.72m 处建楔形梁，操作如下。

① 双击打开梁属性。

② 在属性框中选择梁的截面类型为 PHI，如图 5-2、图 5-3 所示输入参数。

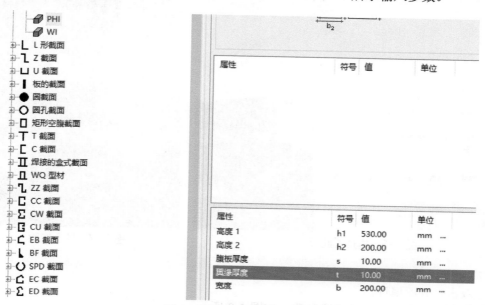

属性	符号	值	单位
高度 1	h1	530.00	mm
高度 2	h2	200.00	mm
腹板厚度	s	10.00	mm
翼缘厚度	t	10.00	mm
宽度	b	200.00	mm

图 5-2　截面类型 PHI 参数

③ 调整位置参数如图 5-4 所示。

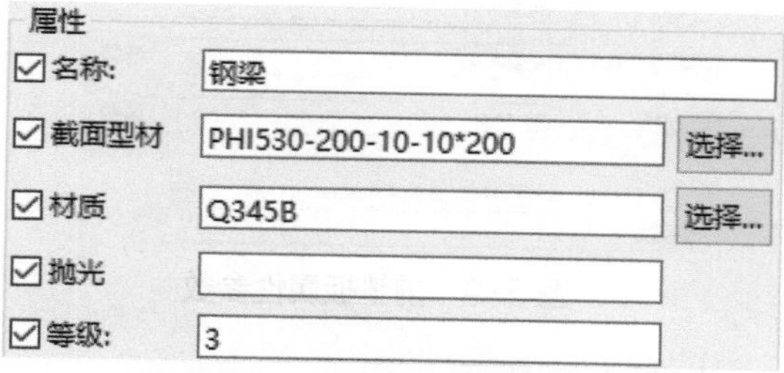

图 5-3　楔形梁属性参数 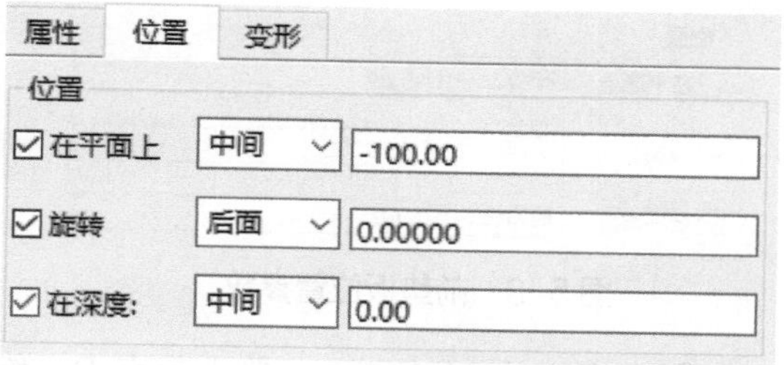　　　　图 5-4　楔形梁位置参数

④ 参考钢构 20.0. dwg，单击起点 A，单击终点 B，如图 5-5 所示，绘出楔形梁。

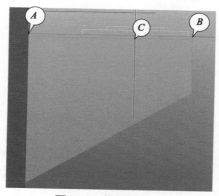

图 5-5　楔形梁绘制

（5）用组件 1003 参数如图 5-6，在图 5-5 中 C 点加 8mm 肋板。

（6）方法类似第（5）步，用组件 1003 制作其他肋板，如图 5-7 所示。

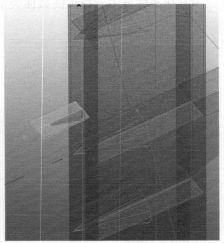

图 5-6　楔形梁肋板　　　　　　　　　　　图 5-7　柱上加肋

（7）绘制吊车梁的垫板。

① 双击打开梁属性。

② 在属性框中选择梁的位置参数，如图 5-8 所示。

③ 在属性框中填写梁的参数，PL90×20，如图 5-9 所示。

图 5-8　前垫板位置参数　　　　　　　　　　图 5-9　前垫板属性参数

④ 参考钢构 20.0. dwg，单击起点 D、终点 E，如图 5-10 所示。

⑤ 重复上述①～④步，做一片平行后部垫板，后部垫板仅位置参数不同，如图 5-11 所示。

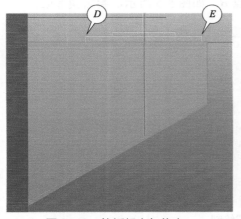
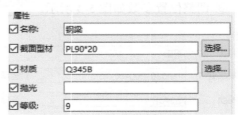

图 5-10　垫板起点与终点　　　　　　　　　图 5-11　后部垫板位置

（8）吊车梁顶部钢板 吊车梁顶部钢板绘制的方式与垫板类似，参数略有不同，如图5-12、图5-13所示。

属性			位置		
☑ 名称：	钢梁		☑ 在平面上	左边 ∨	0.00
☑ 截面型材	PL90*8	选择...	☑ 旋转	顶面 ∨	-0.00000
☑ 材质	Q345B	选择...	☑ 在深度：	前面的 ∨	10.00
☑ 抛光					
☑ 等级：	15				

图 5-12　吊车梁顶部钢板参数

（9）保存模型。

5.1.3　任务结果

牛腿及肋板如图5-14所示。

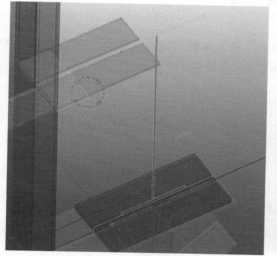

图 5-13　吊车梁顶部钢板绘制

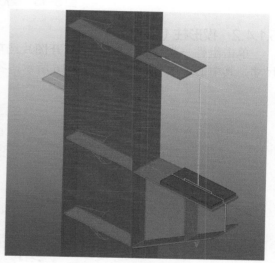

图 5-14　牛腿及肋板

5.1.4　任务资料

5.1.4.1　楔形梁与楔形柱

在钢结构中，常有变截面梁与柱，在 Tekla Structures 中被称为楔形梁与楔形柱。虽然有组件可以自动生成变截面梁与柱，但与普通的 H 型钢梁与柱不同，这些楔形梁与楔形柱被软件默认为由三块板组成，如图5-15所示，因此适用于 H 型钢梁与柱的组件在楔形梁与楔形柱上大多不能用，如柱脚工具无法为楔形柱生成柱脚。所以想在楔形柱上使用柱脚工具，就需要一根与之相近尺寸的 H 型钢柱，做完柱脚以后炸开节点，再换成楔形柱。

本书中选取等截面 H 钢的 CAD 图，一方面是为了降低难度，一方面是为了尽可能多地使用组件。实际工程中的变截面梁与柱还是很多的。

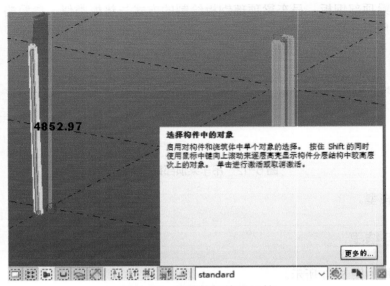

图 5-15　楔形柱与普通 H 柱

5.1.4.2　楔形柱（S99）

单击组件→楔形柱（S99），打开图片选项卡，输入参数可定义此组件创建的楔形柱的尺寸。其中的选项有 8 个，如图 5-16 所示，各项含义具体如下。

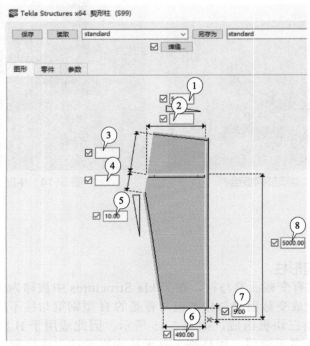

图 5-16　S99 图形选项卡

① 屋顶倾斜度，以百分比表示，例如"5"表示 5%，即 1 ∶ 20 的坡度。

② 水平加劲肋的长度。

③ 顶角到加劲肋顶部的距离。

④ 底角到加劲肋底部的距离。

⑤ 侧翼板倾斜度，以百分比表示，例如"100"，表示等截面 H 形柱。

⑥ 底部腹板宽度。

⑦ 柱下装配间距。

⑧ 加劲肋顶部到腹板内角的距离。

　　打开参数选项卡，输入参数可定义此组件创建的楔形柱的板截面尺寸，如图 5-17 所示；如需翼缘加劲肋，可在其中输入数值；默认为无翼缘加劲肋，可不输入数值。

　　契形柱工具的优点是可以生成更复杂的楔形柱；腹板、翼缘板由多个板件组成，下料更符合工程实际板材长度，如图 5-18 所示。如果没有这样的需求，很多建模人员选择放弃这个组件，因为对于熟练的建模人员来说，节省的时间并不多。

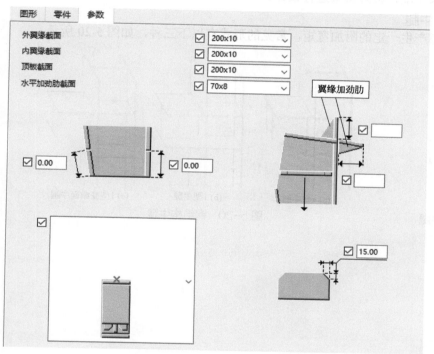

图 5-17　S99 参数选项卡

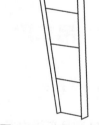

图 5-18　腹板、翼缘板
由多个板件组成

5.1.5　知识链接

5.1.5.1　牛腿的概念

　　牛腿是一种承受集中荷载的短悬臂，又称梁托，用于支承屋架、托架、吊车梁等构件或者衔接悬臂梁与挂梁，并传递相应荷载。由于牛腿的高度通常不到梁高的一半，加之角隅处还有应力集中现象，所以这一部分必须特别处理，并验算钢筋或混凝土的应力。本实例建模时按设计尺寸重绘参考模型 CAD 图的牛腿，有利于定位吊车梁。

5.1.5.2　牛腿的特点

　　（1）接近牛腿部位的柱的腹板应适当加强，加强区段的长度不应小于梁高。

　　（2）挂梁端横梁加强，端横梁的宽度应将牛腿包含在内，形成整体。

（3）牛腿的凹角线形应和缓，避免尖锐转角，以减缓主拉应力的过分集中。

（4）牛腿处的支座高度应尽量减小，如采用橡胶支座等。

5.1.5.3 混凝土结构中的柱牛腿

在厂房钢筋混凝土柱中，常在其支承屋架、托架、吊车梁和连系梁等构件的部如位，设置从柱的侧面伸出的短悬臂，称为牛腿，在牛腿部位应按设计计算要求配置密集的钢筋，钢筋布置应与主拉应力的方向协调一致，以防止混凝土开裂。

牛腿按承受的竖向力作用点至牛腿根部柱边缘水平距离的不同分为两类，如图 5-19 所示。

（1）$a \leqslant h_0$ 时，为短牛腿，是变截面短悬臂梁；

（2）$a > h_0$ 时，为长牛腿，按悬臂梁进行设计。

5.1.5.4 钢结构中的牛腿

钢结构牛腿因根部产生一定的附加弯矩，常见的形式有以下三种，如图 5-20 所示。

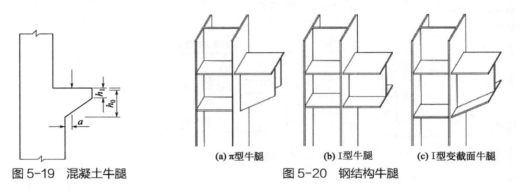

图 5-19 混凝土牛腿   (a) π型牛腿   (b) I型牛腿   (c) I型变截面牛腿

图 5-20 钢结构牛腿

5.2 吊车梁

5.2.1 任务

（1）吊车梁由多少块板组成？

（2）可以直接用梁工具吗？

5.2.2 任务实施

（1）打开上次的模型。

（2）打开 3D、PL6.72 两个视图，使之并列；选中 PL 6.72 视图。

（3）复制门架到 1 ～ 10 轴线，如图 5-21 所示。

（4）建立辅助梁（以 8 ～ 9 轴之间为例）。

因为吊车梁上的肋比普通梁多得多，为了加快建模的速度，必须使用多重加肋建模工具；只有规则的 H 型钢梁方可使用加肋组件，因此需先建立一条规则的辅助梁，利用加肋工具加肋后，炸开节点，换成上下翼板尺寸不一致的正确梁。

① 在 PL 6.72 调整视图，如图 5-22 所示。

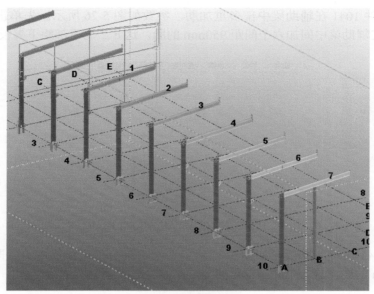

图 5-21　复制门架

图 5-22　调整视图可见性

② 在 A 轴上方 880mm 做辅助点、辅助线，见图 5-23。

图 5-23　做辅助点、辅助线

③ 双击梁，在属性框中填写辅助梁的位置参数，如图 5-24 所示。

④ 在属性框中填写辅助梁的属性参数 HI760-6-12×300，如图 5-25 所示。

图 5-24　辅助梁的位置参数

图 5-25　辅助梁属性参数

⑤ 利用辅助线，制作 8 轴与 9 轴之间的辅助梁。

⑥ 利用组件 1041 在辅助梁中部多重加肋，参数如图 5-26 所示。先单击梁，再单击梁的中点，即可在辅助梁中间加六个间距 950mm 的肋，这 6 个肋下部距下翼板 50。

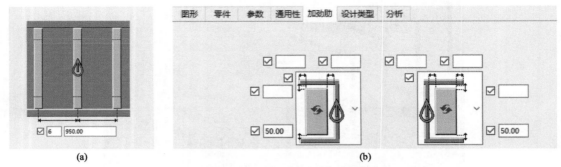

(a)   (b)

图 5-26   多重加肋（1041）

⑦ 利用 1041 加端头肋板，如图 5-27 所示。单击梁→单击梁的中点，即可在两端加 2 个间距 7500mm 的肋，这 2 个肋下部无间隙。

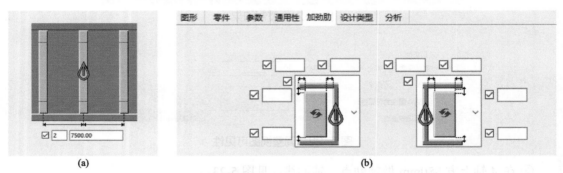

(a)   (b)

图 5-27   多重加肋（1041）（间距 7500）

（5）选中辅助梁 HI760-6-12×300，将辅助梁替换为设计图中不规则梁。

① 单击吊车梁中红色锥体，鼠标右键，选择炸开节点，如图 5-28 所示。

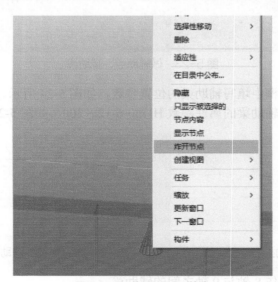

图 5-28   炸开 1041 节点

② 选中 HI760×300×6×12。打开属性选项卡，修改其尺寸，在属性框中填写梁的参数，其他 >II760×300×12-6-200×12-0-0，如图 5-29、图 5-30 所示。

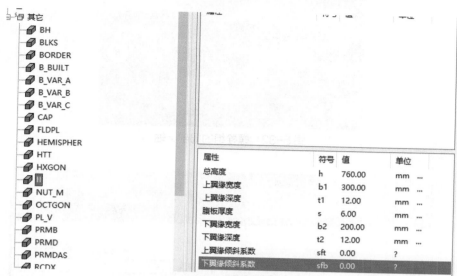

图 5-29　截面型材选择

（6）复制吊车梁到2～3、3～4、4～5、5～6、6～7、7～8轴之间如图，重复前5步；完成 9～10 轴之间吊车梁（长度不同，单独建立），如图 5-31 所示。

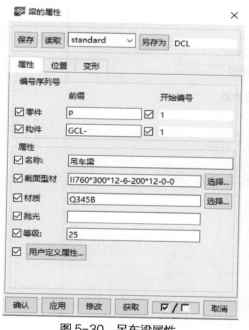

图 5-30　吊车梁属性

图 5-31　复制吊车梁

（7）螺栓　由于顶部的螺栓连接的板比较复杂，不能一次性建立，底部垫板的螺栓可以两个一组来建立。

① 以图中板的中线 AB 为螺栓组的局部 x 轴，逐个建立吊车梁顶部螺栓，如图 5-32～图 5-34 所示。

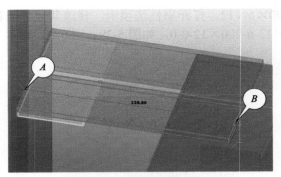

图 5-32　螺栓组的局部 x 轴

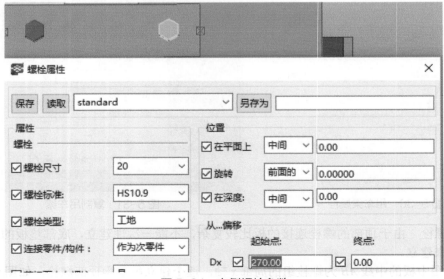

图 5-33　左侧螺栓参数

图 5-34　右侧螺栓参数

② 建立吊车梁垫板螺栓，如图 5-35 所示。

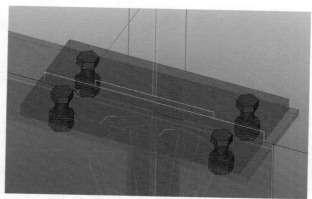

图 5-35　吊车梁垫板螺栓

（8）保存模型。

5.2.3　任务结果

结果如图 5-36、图 5-37 所示。

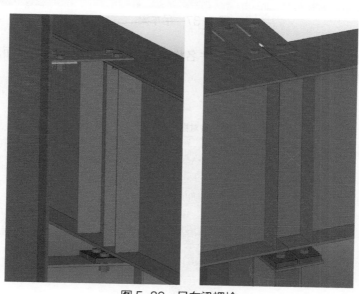

图 5-36　吊车梁螺栓

5.2.4　任务资料

在 Tekla Structures20.0 中新增吊车梁 - 柱（1）的组件，但在 Tekla Structures20.0 以下的版本是没有这个组件的，而且本书实例中的连接与该组件作用差距较大，所以我们没有使用这个工具。若遇到适宜的情况，也可以投入使用，使生成一系列吊车梁零部件的步骤简单一些：

（1）调用组件吊车梁 - 柱（1）如图中黄色部分均可由组件自动生成。

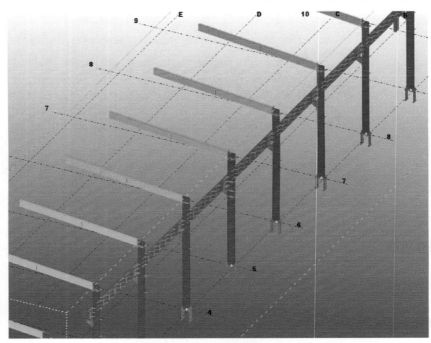

图 5-37　吊车梁

（2）查看细部 1，注意软件定义的零件名称与规范不同之处，以便后面步骤选择需要的板。输入细部 1 参数，如图 5-38 所示。

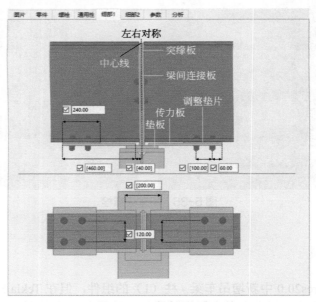

图 5-38　吊车梁细部 1

（3）输入梁间连接板高度及梁间连接螺栓间距，如图 5-39 所示。
（4）输入零件参数，如果不需要的零件可输入 0，如图 5-40 所示。

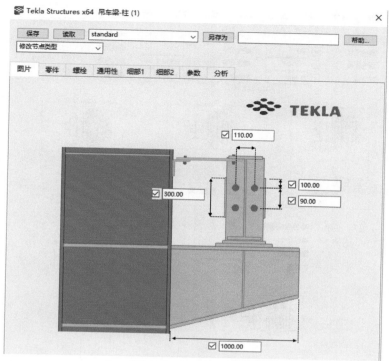

图 5-39　吊车梁图片

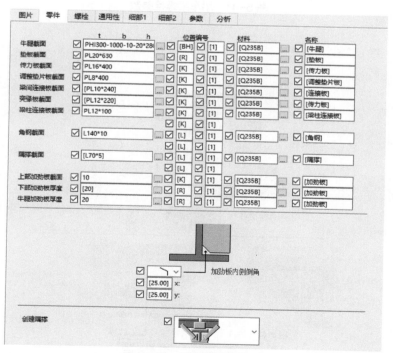

图 5-40　吊车梁零件参数

（5）输入螺栓参数，如图 5-41 所示。

（6）输入细部 2 参数，如图 5-42 所示。

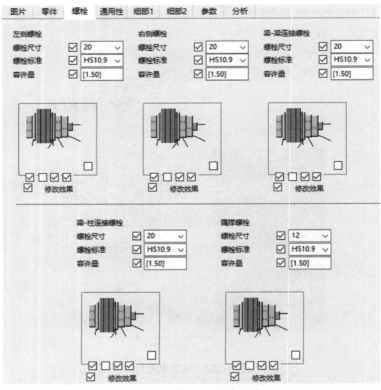

图 5-41　吊车梁螺栓参数

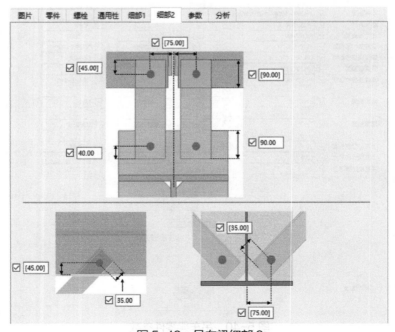

图 5-42　吊车梁细部 2

（7）所有参数输入完毕，按照提示 1 → 2 → 3，先单击柱，再依次单击两个吊车梁，即可连接吊车梁与刚架柱。如图 5-43 所示。

提示：

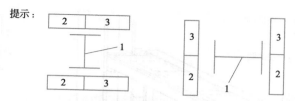

数字代表着梁柱位置不同时，节点点取目标的先后顺序

图 5-43　吊车梁螺栓（1）

（8）连接效果，如图 5-44 所示。

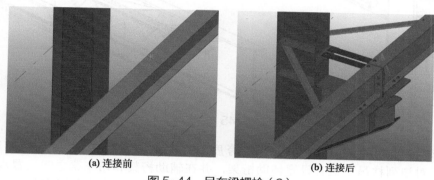

(a) 连接前　　　　　　　　　　　　　(b) 连接后

图 5-44　吊车梁螺栓（2）

5.2.5　知识链接

5.2.5.1　吊车梁简述

　　吊车梁是支撑桁车运行的路基，多用于厂房中。吊车梁上有吊车轨道，桁车就通过轨道在吊车梁上来回行驶。吊车梁跟钢梁相似，区别在于吊车梁腹板上焊有密集的加劲板，为提桁车吊运重物提供支撑力。

　　《钢结构设计规范》（GB 50017—2014）按照吊车使用状况和吊车工作级别，把吊车梁的工作级别划分为轻级、中级、重级和特重级四级工作制。现行国家标准《起重机设计规范》（GB/T 3811—2008）及《建筑结构荷载规范》（GB 50009—2001）将吊车工作级别划分为 A1~A8 级。一般情况下，轻级工作制相当于 A1 ～ A3 级；中级工作制相当于 A4、A5 级；重级工作制相当于 A6 ～ A7 级，A8 级属于超重级。吊车梁系统结构通常由吊车梁（或吊车桁架）、制动结构、辅助桁架及支撑（水平支撑和垂直支撑）等组成，如图 5-45 所示，本书中实例是轻级的吊车梁。

5.2.5.2　吊车梁结构形式

　　吊车梁的跨度和起重量均较小、且无需采取其他措施即可保证吊车梁的侧向稳定性时，可不对吊车梁加强或用钢板、型钢加强上翼缘 [图 5-46（a）]。吊车梁跨度和起重量较大时，应设置制动结构（制动梁或制动桁架）。制动梁以吊车梁的上翼缘为制动梁的内翼缘，槽钢则为制动梁的外翼缘。制动梁的宽度不宜小于 1.0m，宽度较大时宜采用制动桁架。制动桁架是用角钢组成的平行弦桁架。吊车梁的上翼缘兼作制动桁架的弦杆。制动结构不但用以承受横向水平荷载，保证吊车梁的整体稳定，并且可作为检修走道。

　　制动梁腹板（兼作走道板）宜用花纹钢板以防行走滑倒，其厚度一般为 6 ～ 10mm，走道的活荷载一般按 $2kN/m^2$ 考虑。

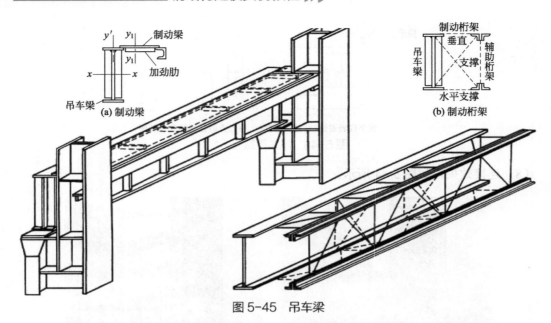

图 5-45 吊车梁

当吊车桁架和重级工作制吊车梁跨度 $L \geqslant 12m$，或轻中级工作制吊车梁跨度 $L \geqslant 18m$，对边列柱吊车梁宜设置辅助桁架，并在辅助桁架和吊车梁之间设置水平支撑和垂直支撑 [图 5-46（b）]，垂直支撑的位置不宜在吊车梁或吊车桁架竖向挠度较大处，可采用如图 5-46（c）的形式。

当吊车梁位于中列柱，且相邻两跨的吊车梁高度相等时，可采用如图 5-46（d）的形式。当相邻两跨的吊车起重量相差悬殊而采用不同高度的吊车梁时，可采用如图 5-46（e）的形式。

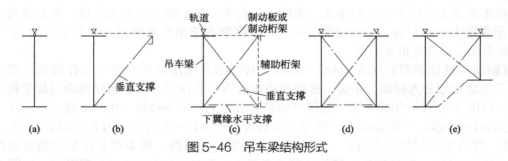

图 5-46 吊车梁结构形式

5.2.5.3 吊车梁分类

吊车梁按截面可分为型钢梁、组合工字形梁及箱形梁、撑杆式吊车梁，如图 5-47 所示。

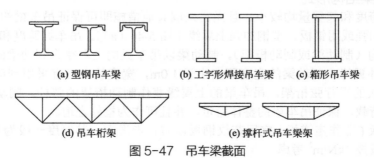

图 5-47 吊车梁截面

5.3 镜像与复制

5.3.1 任务

（1）复制可分为哪几种？
（2）为什么等柱脚做完才复制？

5.3.2 任务实施

（1）打开上次的模型。
（2）打开 3D、Grid0.0 两个视图，使之并列，选中 Grid0.0 视图。
（3）镜像
① 选择要镜像的半个门架，高亮，如图 5-48 所示。

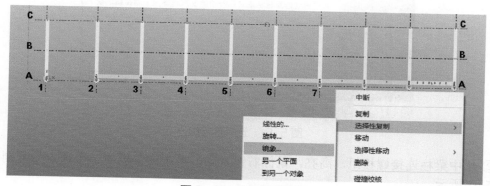

图 5-48 选择镜像门架

② 单击鼠标右键→"选择性复制"→"镜像"，打开"复制 - 镜像"对话框，选取 c 轴上的两个点为起点与终点，或直接输入参数，如图 5-49 所示。

图 5-49 镜像半个门架

③ 单击"复制"，结果如图 5-50 所示。
（4）梁螺栓复制
① 单击下方选择工具中的选择螺栓组，如图 5-51 所示。

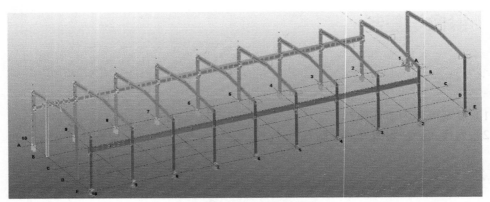

图 5-50　镜像半个门架

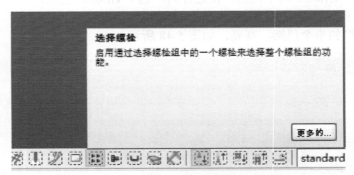

图 5-51　选择螺栓组

　　② 选中梁柱连接螺栓组，高亮。鼠标右键复制，单击图中板的一个顶点为复制原点，如图 5-52 所示。

　　③ 单击图中目标板的复制目标点。螺栓被复制，如图 5-53 所示。

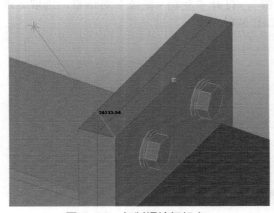

图 5-52　复制螺栓组起点

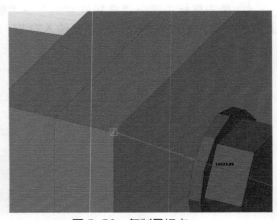

图 5-53　复制目标点

　　④ 重复该步骤。所有中间梁间连接的螺栓被复制，如图 5-54 所示。

　　（5）打开 GRID10 视图，建立中轴上的山墙柱，如图 5-55 所示。

　　（6）利用组件 105 连接梁端板与山墙柱顶，如图 5-56 所示。

　　（7）保存模型。如图 5-57 所示。

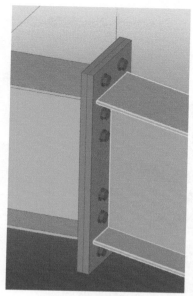

图 5-54　复制结果

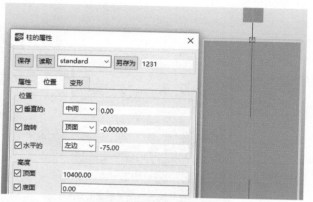

图 5-55　山墙柱

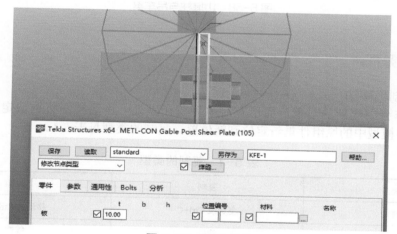

图 5-56　组件 105

图 5-57　山墙柱

5.3.3 任务结果

山墙柱与吊车梁如图 5-58 所示。

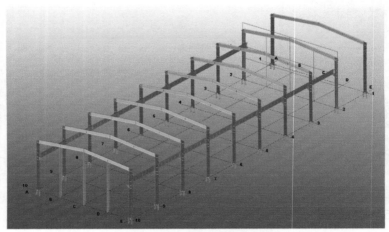

图 5-58 山墙柱与吊车梁

5.3.4 任务资料

5.3.4.1 复制和移动

复制操作会创建新的对象，而已有对象保留在原处。移动操作将重新定位原有对象，可通过移动将模型中的原组件重新定位到新位置。复制的类型见表 5-1。

表 5-1 复制的类型

类型	复制	移动
普通	复制或 Ctrl+C	移动或 Ctrl+M
选择性	线性	线性
	旋转	旋转
	镜像	镜像
	另一个平面	另一个平面
	到另一个对象	到另一个对象
	从另一个模型	

5.3.4.2 复制

（1）选择要复制的对象。

（2）单击"编辑"→"复制"，或单击复制图标。

（3）选取复制原点。

（4）鼠标左键单击一个或多个目标点，复制对象。

（5）如需停止复制，请单击"编辑"→"中断"或右键单击并选择中断。

5.3.4.3　线性复制

线性复制是在离原对象一定距离处创建所选对象的一个或多个副本。若要以等间距生成对象的多个副本，则使用线性复制，操作步骤如下。

（1）选择要复制的对象。

（2）单击"编辑"→"选择性复制"→"线性"，或单击图标，打开线性复制的对话框。

（3）输入需要的距离，有以下两种方法。

① 直接在"复制—线性"的对话框中输入距离。

② 选取起点和终点，此时软件自动计算此距离。

（4）单击"复制"，就会在所选的目标点复制所选对象。

5.3.4.4　旋转复制

可围绕工作平面上指定的线或工作平面的 z 轴旋转要复制的对象，操作步骤如下。

（1）选择要旋转的一个或多个对象。

（2）单击"编辑"→"选择性复制"→"旋转"，或单击相应图标，打开旋转复制对话框。

（3）鼠标左键单击选取一个点定位旋转轴，或在原点区域输入旋转轴的坐标。

（4）输入复制份数。

（5）如果输入 dz 值，即原始对象与复制的对象在 z 方向上的位置差。

（6）输入旋转角度。

（7）单击"复制"进行复制和旋转。

5.3.4.5　镜像复制

镜像复制对象时，可以通过一个垂直于工作平面且穿过指定直线的平面来镜像对象。但是当对象含有节点时，往往无法被镜像复制，所以含节点的对象优先使用旋转复制命令；镜像复制操作步骤如下。

（1）选择要镜像复制的对象。

（2）单击"编辑"→"选择性复制"→镜像或单击，打开镜像复制对话框。

（3）鼠标左键单击选取镜像平面的起点与终点，或输入其坐标和角度。

（4）单击"复制"，就会镜像复制对象。

5.3.5　知识链接

08SG520-3《钢吊车梁》相关内容大家可以查找标准。

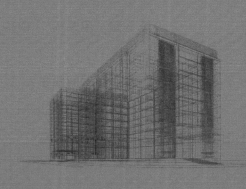

1. 爬梯式支撑的制作。
2. 特定工作平面上系杆的制作。

6.1 柱间支撑

6.1.1 任务

（1）本工程有哪几种柱间支撑？各构件尺寸如何？

（2）可以直接用垂直支撑节点吗？

6.1.2 任务实施

6.1.2.1 读图

（1）读图，查出各种水平支撑的位置、尺寸，填入表 6-1。

表 6-1 水平支撑位置及尺寸

图号 水平支撑名称			SC1	XG1	
杆		材料			
		规格			
端板 1		材料			
		规格			
端板 2		材料			
		规格			

（2）读图，查出各种柱间支撑的位置、尺寸，填入表 6-2。

表 6-2 柱间支撑位置及尺寸

图号 柱间支撑名称			ZC1	ZC2	
杆		材料			
		规格			

续表

柱间支撑名称	图号	ZC1	ZC2	
端板 1	材料			
	规格			
端板 2	材料			
	规格			

6.1.2.2　支撑ZC1

（1）打开上次的模型。

（2）打开 3D、GRIDA 两个视图，使之并列，选中 GRIDA 视图。

（3）在轴线 6 与轴线 7 的柱之上建立辅助点。

① 使用增加与两个点平行的点工具从 10 轴向下 300mm 建立两个辅助点，如图6-1 所示。

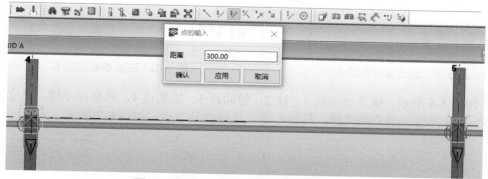

图 6-1　增加与两个点平行距离 300 的点

② 同理，从 6.72 轴向上 120 建立两个辅助点，如图 6-2 所示。

图 6-2　增加与两个点平行距离 120 的点

（4）使用组件 S56

① 单击组件图标，查找 S56 并打开，如图 6-3 所示。

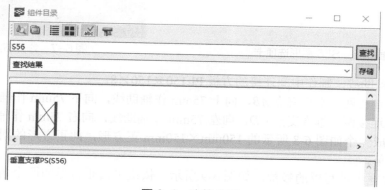

图 6-3　查找 S56

② 零件选用 L75×6，在参数图框中填写 S56 的参数，如图 6-4 所示。

③ 在参数图框中填写 S56 的参数，如图 6-5 所示。

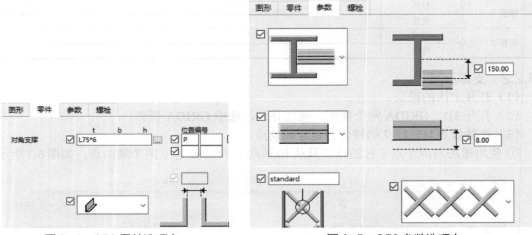

图 6-4 S56 零件选项卡　　　　　图 6-5 S56 参数选项卡

④ 如图 6-6 所示，依次点击柱 1、柱 2、辅助点 3、辅助点 4，按鼠标中键，建立支撑。

（5）选中第④步建立的支撑，鼠标右键，选择炸开节点，如图 6-7 所示。

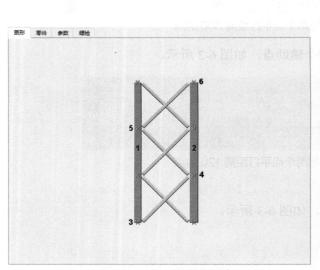

图 6-6 S56 图形选项卡

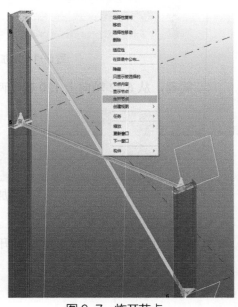

图 6-7 炸开节点

（6）利用辅助线，制作中间连接的方板 PL150×150×8。

① 辅助线连接两个水平交点 AB，向上 75mm 作辅助线，向下 75mm 作辅助线。

② 辅助线连接两个垂直交点 CD，向左 75mm 作辅助线，向右 75mm 作辅助线。

四条线围成一个如图 6-8 所示的 150mm×150mm 正方形，此正方形的四个角即为中间连接板的四个角。

③ 在属性框中填写板的参数，如图 6-9 所示。依次单击正方形的四个角点，单击鼠标中键生成板。

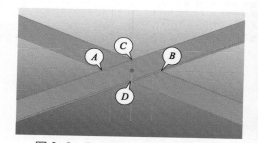

图 6-8　PL150×150×8 的辅助线

图 6-9　PL150×150×8 的属性

④ 用螺栓连接两个角钢与中间连接板，螺栓参数如图 6-10、图 6-11 所示。

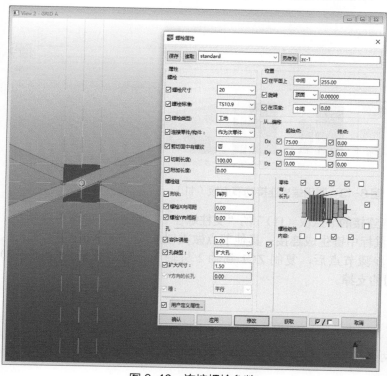

图 6-10　连接螺栓参数

图 6-11　连接螺栓三维效果

（7）由于自动生成的连接有一部分有问题，利用"选择组件中的对象"，删除不正确的节点，使用组件 11 作为连接角钢与柱的节点。

① 单击"选择组件中的对象"图标，单击黄色的圆锥，鼠标右键删除，不正确的节点消失，如图 6-12 所示。

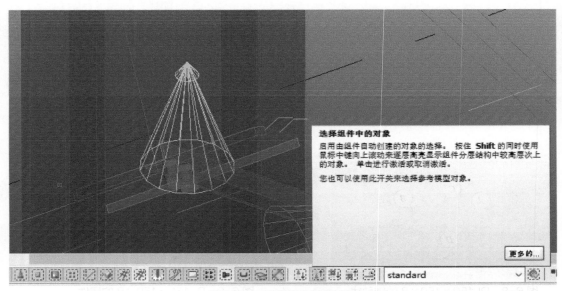

图 6-12　删除端头螺栓连接

② 单击组件目录查找 11，调用螺栓连接的节点板（11），如图 6-13 所示。

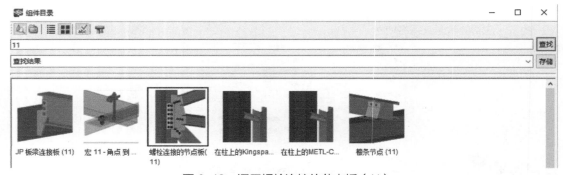

图 6-13　调用螺栓连接的节点板（11）

③ 在属性框中填写"螺栓连接的节点板（11）"的"支柱螺栓 1"选项卡，如图 6-14 所示。

④ 选取柱，选取角钢，鼠标中键生成连接；其他节点做类似处理，如图 6-15 所示。

（8）炸开（1）～（7）步骤节点后，复制 ZC1 到轴 2 与轴 3 之间，重复（1）～（7）步骤来制作轴 9 与轴 10 之间的支撑。

（9）保存模型。

6.1.2.3　支撑ZC2

（1）打开上次的模型。

（2）打开 3D、GRID2 两个视图，使之并列，选中 GRIDA 视图。

（3）找辅助点、辅助线。

① 自右向左从 6.72 轴线向下 100mm 找辅助点，如图 6-16 所示。

② 同理，自左向右从 0.00 轴线向上 100mm 找辅助点。

③ 用辅助线连接辅助点，如图 6-17 所示。

④ 在辅助线交点找到距交叉点 100mm 的两个辅助点，作为短梁的起点和终点，如图 6-18 所示。

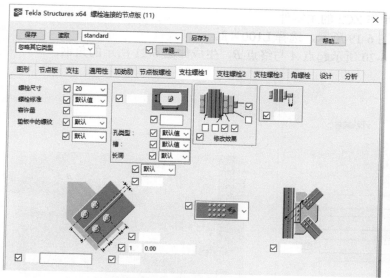

图 6-14　支柱螺栓 1 选项卡

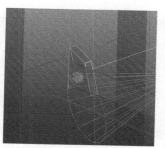

图 6-15　正确的梁端连接

图 6-16　ZC2 的上部辅助点

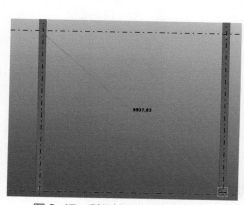

图 6-17　利用辅助线连接辅助点

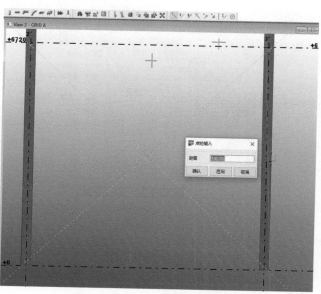

图 6-18　ZC2 的中间辅助点

（4）使用梁 L100×8 来制作 ZC2 的主零件

① 单击梁，调整属性如图 6-19 所示，选择 L100×8。

② 调整位置，单击如图 6-20 所示起点 A 与终点 B，生成如图 6-21 所示的角钢。

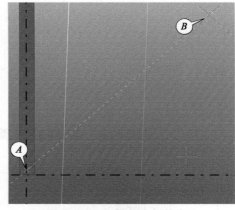

图 6-19　梁的属性　　　　　　　　　　　　　　图 6-20　梁的起点与终点

③ 沿辅助线绘制其他梁，如图 6-22 所示。

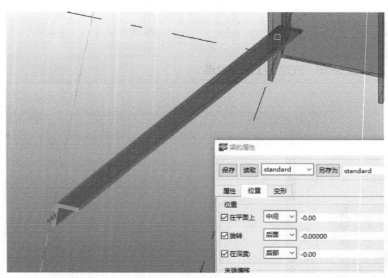

图 6-21　梁的位置　　　　　　　　　　　　图 6-22　利用辅助线制作
其他角钢

（5）绘制中间连接板

① 调用板，调整板的属性如图 6-23 所示。

② 反复使用辅助点或辅助线命令，依照设计绘制中间连接板，绘制结果如图 6-24 所示。

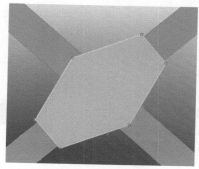

图 6-23　板的属性

图 6-24　中间连接板

（6）螺栓

① 调用螺栓组件，调整属性如图 6-25 所示。

② 绘制螺栓，如图 6-26 所示。

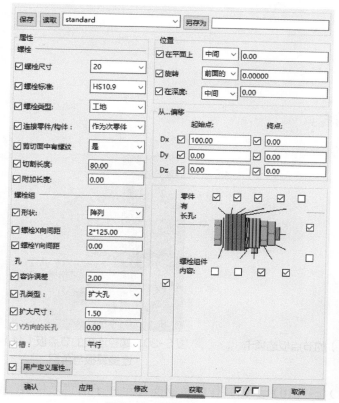

图 6-25　螺栓组件

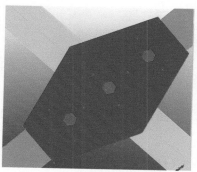

图 6-26　中间螺栓连接

（7）进入 3D 模型视图，调整角度如图 6-23 所示；选中上述（1）～（6）步骤中制作的所有零件，后移 10mm（即由图中 M 点移至 N 点），如图 6-27 所示。

（8）单击组件目录查找 11，调用螺栓连接的节点板（11），如图 6-28 所示（如使用的 20 以下版本可用 196）。

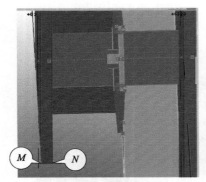

图 6-27　螺栓连接角钢后退 10mm

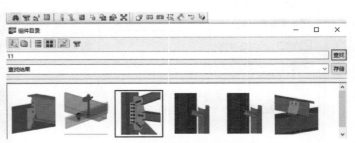

图 6-28　调用螺栓连接的节点板（11）

（9）输入螺栓连接的节点板（11）的节点板选项卡参数，如图 6-29 所示。

（10）单击柱，单击角钢，点击鼠标中键，利用螺栓连接的节点板（11）连接翼板与角钢，如图 6-30 所示。

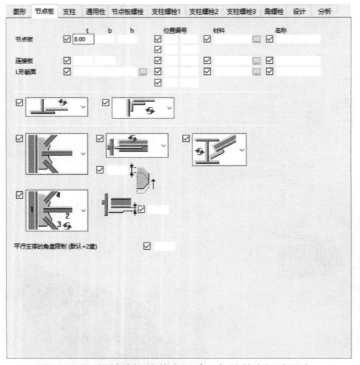

图 6-29　螺栓连接的节点板（11）的节点板选项卡

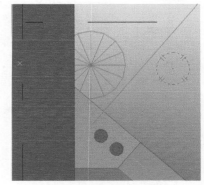

图 6-30　螺栓连接的节点板（11）
连接翼板与角钢

（11）打开 PLAN0.0，镜像（1）～（10）步骤制作的角钢支撑至柱子的背后位置（以两个门式刚架柱的两中点为镜像轴），如图 6-31、图 6-32 所示。

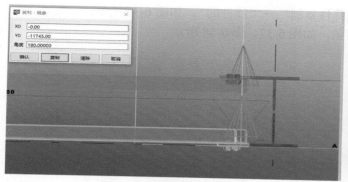

图 6-31　镜像角钢支撑

图 6-32　镜像出的双层支撑

（12）在角钢顶部三点建立工作平面，阵列缀条 L50×4。

① 利用三点建立工作平面，如图 6-33 所示。

② 在顶端绘制梁 L50×4，如图 6-34 所示。

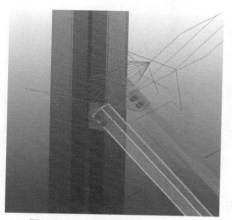

图 6-33　三点建立工作平面

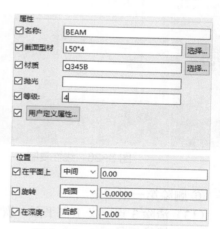

图 6-34　梁 L50×4 的参数

③ Y 向间距 200mm 复制一根缀条，如图 6-35 所示。

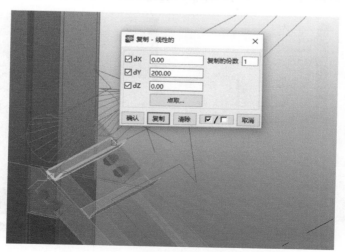

图 6-35　Y 向间距 200mm 复制一根缀条

④ 选中第二根缀条，右键"选择性复制"→"线性的"，如图 6-36 所示。

⑤ 以 550mm 间距阵列 16 根缀条，如图 6-37、图 6-38 所示。

图 6-37　以 550mm 间距阵列 16 根缀条

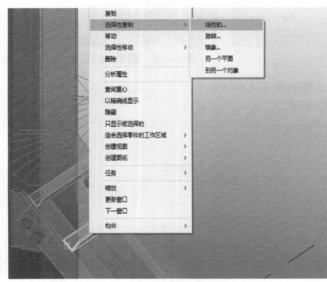

图 6-36　线性复制

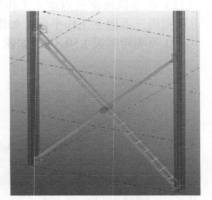

图 6-38　阵列缀条结果

⑥ 删除第一根缀条。

（13）清除 3 点定义工作平面，恢复到初始状态（参见前工作平面的介绍）。

（14）镜像缀条

① 在 3D 视图中选中缀条，鼠标右键"选择性复制"→"镜像"，如图 6-39 所示。

② 以 6 轴与 7 轴两轴间的中线为对称轴，镜像缀条，如图 6-40 所示。

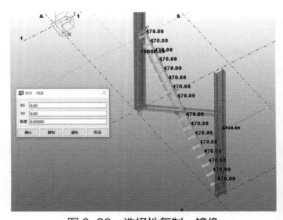

图 6-39　选择性复制→镜像

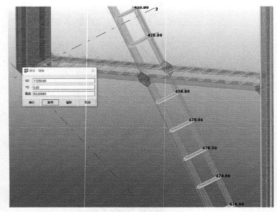

图 6-40　镜像缀条

（15）保存文件。

6.1.3　任务结果

梁端连接与缀条、中间连接如图 6-41、图 6-42 所示。

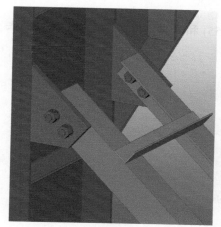

图 6-41　梁端连接与缀条

图 6-42　中间连接

6.1.4　任务资料

垂直支撑（S56）是一个非常重要的宏，可以在两个平行的梁或柱之间创建一个完整的交叉支撑，通过选取两个柱、两个点（顶部和底部）来创建。

（1）图形选项卡　图形选项卡中说明了建模的顺序，选取的顺序如图 6-43 所示。其中黄色部分是建立的支撑，其位置由辅助点确定。

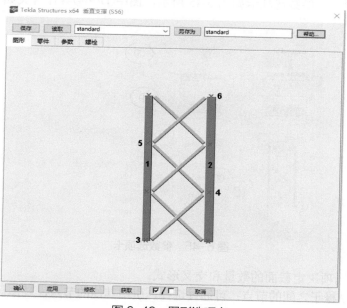

图 6-43　图形选项卡

一般来说，垂直支撑（S56）使用步骤如下：

① 在柱上找辅助点。

② 选择第一个柱子。

③ 选择第二个柱子。

④ 选择两个点，使支撑可以在它们之间创建。

⑤ 用鼠标中键结束选择。

（2）零件选项卡　零件选项卡是抗风支撑 (S55) 和竖直支撑 (S56) 的公共选项卡。有四个选项值得注意，如图 6-44 所示。

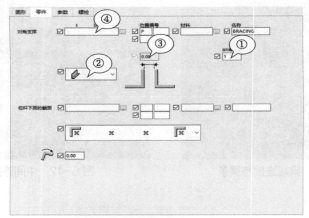

图 6-44　零件选项卡

① 对角支撑等级：可以用来以不同的颜色显示对角支撑，可用在过滤器中进行过滤。

② 双截面：仅当支撑截面为角钢时使用。

③ 角钢的间隙：如果给出节点属性的名称，其默认值将会等于节点中节点板的厚度。

④ 型材的尺寸。

（3）参数选项卡　参数选项卡如图 6-45 所示，图中①～④具体含义如下。

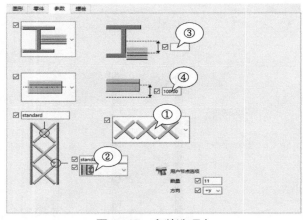

图 6-45　参数选项卡

① 描述：该选项决定截面的数量和交叉形式。

② 对角角钢 / 橡子之间的节点：可通过选择，引用其他的节点，具体可引用选项如表 6-3 所示。

表 6-3　引用其他的节点

图标	可引用选项	图标	可引用选项
	螺栓连接节点板（11）		抗风支撑节点（110）
	管状节点板（20）	diag/prim	螺栓
	焊接节点板（10）		角钢夹板
	门架支撑（105）	用户	用户节点

③ 对角支撑中心线距翼板的距离。

④ 单对角支撑两前后杆件之间的间距。

（4）螺栓选项卡　选择螺栓的尺寸，输入螺栓间距、个数。螺栓选项卡如图 6-46 所示。

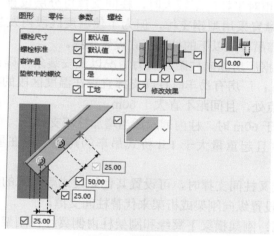

图 6-46　螺栓选项卡

6.1.5　知识链接

6.1.5.1　钢结构支撑

　　钢结构门式刚架轻钢厂房的每个温度区段或分期建设的区段，均应分别设置能独立构成空间稳定结构的支撑体系，一般包括刚性系杆、水平支撑、垂直支撑、柱间支撑。其中柱间支撑又可分为上层柱间支撑和下层柱间支撑；上层柱间支撑指吊车梁上部的柱间支撑，下层柱间支撑指吊车梁下部的柱间支撑。如图 6-47 所示。

　　（1）柱间支撑的布置

　　① 在门式刚架轻型钢厂房中，可采用十字交叉圆钢作为柱间支撑和屋盖支撑。圆钢应设张紧螺栓，以便施工中对支撑圆钢进行张紧处理。圆钢与构件间的夹角宜在 30°～60°间，以接近 45°为佳。

　　② 为增加厂房的整体性，使厂房结构形成空间几何不变体系，在设置了柱间支撑的开间应同时设置屋盖横向支撑。

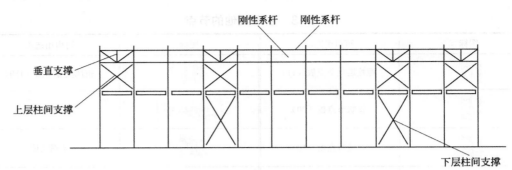

图 6-47　钢结构支撑

③ 屋盖的横向支撑一般设在温度区段端部第一或第二开间。当端部支撑设在第二个开间时，第一个开间的相应位置应设刚性系杆。

④ 在刚架的转折处，如单跨刚架的柱顶和屋脊处及多跨刚架的某些中间柱的柱顶和屋脊处，应沿厂房长度设置刚性系杆。

⑤ 当刚架柱的高度相对于柱间距较大时，柱间支撑可分层设置。如厂房内有不小于 5t 的桥式吊车时，柱间支撑宜采用型钢支撑，但为了使温度区段内发生温度变形时在端部不受约束，在温度区段端部吊车梁以下的柱间不宜设置支撑。

⑥ 支撑的间距应根据厂房纵向柱距、受力情况以及安装条件确定。厂房无吊车时柱间支撑间距宜取 30 ~ 45m；厂房有吊车时柱间支撑宜设在温度区段的中部，温度区段较长时可设在温度区段的三分点处，且间距不宜大于 60m。

⑦ 当厂房的宽度大于 60m 时，柱内列应适当增加柱间支撑。

⑧ 当设有带驾驶室且起重量大于 15t 桥式吊车的跨间，应在屋盖边缘设置纵向支撑体系。

⑨ 在不允许设置交叉柱间支撑时，可设置其他如门式等形式的柱间支撑。当不允许设置任何支撑时，可通过设置纵向刚架或桁架来代替柱间支撑。

⑩ 刚架横梁的截面：刚架横梁下翼缘和刚架柱内侧翼缘在刚架平面外的稳定可通过与檩条或墙梁相连接的隅撑来保证。

（2）柱间支撑的作用

① 承受并传递纵向水平荷载作用于山墙上的风荷载、吊车纵向水平荷载、纵向地震力等。

② 减少柱在平面外的计算长度。

③ 保证厂房的纵向刚度。柱顶均要布置刚性系杆。

6.1.5.2　爬梯式柱间支撑

对于爬梯式柱间支撑详细构造，本设计 CAD 图中不够详细之处可以参考 11G336-2《柱间支撑图集（7.5m 柱距）》。本设计并不与图集完全一致，可以参考比较类似的 ZCXj-66-42 与 ZCXj-72-32。也可以自己设计计算缀条的根数、排列方式等。

看图集的顺序一般如下：

（1）查角钢支撑选用表及角钢支撑材料表，选择合适的角钢与缀条等材料，如图 6-48 ~图 6-50 所示。

（2）查看支撑大样图，如图 6-51 所示。

（3）查看支撑详图，如图 6-52 所示。

支撑编号	下柱高度 H_x/mm	柱距 B/mm	斜杆截面	斜杆缀条截面	斜杆缀条间距 b≤	上节点号 K_s	下节点号 K_x	中节点号 K_z	节点板厚 t	焊角尺寸 h_n	斜杆长细比 λ	V_{b2}/kN	页次
ZCXj-66-42	6600	7500	2L110×70×8	L50×5	750	K22	K23	K24	10	9	134.3	451.5	71
ZCXj-72-12	7200	7500	2L80×50×6	L45×4	550	K22	K23	K24	10	7	192.8	234.8	72
ZCXj-72-22	7200	7500	2L90×56×7	L45×4	600	K22	K23	K24	10	8	171.3	306.8	72
ZCXj-72-32	7200	7500	2L110×70×7	L50×5	800	K22	K23	K24	10	8	139.3	382.0	72
ZCXj-72-42	7200	7500	2L125×80×8	L50×5	900	K22	K23	K24	12	9	122.6	496.6	72
ZCXj-78-12	7800	7500	2L80×50×6	L45×4	550	K22	K23	K24	10	7	201.1	225.1	72
ZCXj-78-22	7800	7500	2L90×56×7	L45×4	600	K22	K23	K24	10	8	178.7	294.1	72
ZCXj-78-32	7800	7500	2L110×70×7	L50×5	800	K22	K23	K24	10	8	145.3	366.2	73
ZCXj-78-42	7800	7500	2L125×80×8	L50×5	900	K22	K23	K24	12	9	127.9	476.0	73
ZCXj-84-12	8400	7500	2L90×56×6	L45×4	600	K22	K23	K24	10	7	185.7	244.3	73
ZCXj-84-22	8400	7500	2L100×63×7	L50×5	700	K22	K23	K24	10	6	167.1	317.1	73

图 6-48　双片角钢支撑选用表

注：V_{b2}(kN)——支撑水平承载力设计值，地震组合时 $V_{b2} \leqslant V_{b1}/0.75$。
用于8度以上地区的支撑与基础连接的下节点，根据基础设计类型选用Jx节点。

构件材料表

支撑编号	构件号	断面/mm	长度/mm	数量	每个重	共重	总重
ZCXj-60-32	1	L110×70×6	8965	2	74.9	149.8	564.0
	2	L110×70×6	4390	2	36.7	73.4	
	3	L110×70×6	4390	2	36.7	73.4	
	4	-545×10	485	4	20.7	82.8	
	5	-495×10	485	4	18.8	75.2	
	6	-375×10	845	2	24.9	49.8	
	7	L50×5	540	24	2.0	48.0	
	8	L50×5	760	4	2.9	11.6	
ZCXj-60-42	1	L110×70×8	8965	2	98.2	196.4	656.2
	2	L110×70×8	4390	2	48.1	96.2	
	3	L110×70×8	4390	2	48.1	96.2	
	4	-545×10	485	4	20.7	82.8	
	5	-495×10	485	4	18.8	75.2	
	6	-375×10	845	2	24.9	49.8	
	7	L50×5	540	24	2.0	48.0	
	8	L50×5	760	4	2.9	11.6	
ZCXj-66-12	1	L80×50×6	9345	2	55.4	110.8	418.4
	2	L80×50×6	4605	2	27.3	54.6	
	3	L80×50×6	4605	2	27.3	54.6	
	4	-480×10	390	4	14.7	58.8	
	5	-455×10	390	4	13.9	55.6	
	6	-285×10	615	2	13.8	27.6	
	7	L45×4	540	32	1.5	48.0	
	8	L45×4	760	4	2.1	8.4	

构件材料表

支撑编号	构件号	断面/mm	长度/mm	数量	每个重	共重	总重
ZCXj-66-22	1	L90×56×6	9335	2	62.7	125.4	464.0
	2	L90×56×6	4595	2	30.9	61.8	
	3	L90×56×6	4595	2	30.9	61.8	
	4	-515×10	420	4	17.0	68.0	
	5	-475×10	420	4	15.7	62.8	
	6	-315×10	685	2	16.9	33.8	
	7	L45×4	540	28	1.5	42.0	
	8	L45×4	760	4	2.1	8.4	
ZCXj-66-32	1	L110×70×6	9320	2	77.8	155.6	579.6
	2	L110×70×6	4575	2	38.2	76.4	
	3	L110×70×6	4575	2	38.2	76.4	
	4	-560×10	480	4	21.1	84.4	
	5	-520×10	480	4	19.6	78.4	
	6	-375×10	830	2	24.4	48.8	
	7	L50×5	540	24	2.0	48.0	
	8	L50×5	760	4	2.9	11.6	
ZCXj-66-42	1	L110×70×8	9320	2	102.1	204.2	675.8
	2	L110×70×8	4575	2	50.1	100.2	
	3	L110×70×8	4575	2	50.1	100.2	
	4	-560×10	480	4	21.1	84.4	
	5	-520×10	480	4	19.6	78.4	
	6	-375×10	830	2	24.4	48.8	
	7	L50×5	540	24	2.0	48.0	
	8	L50×5	760	4	2.9	11.6	

注：本材料表仅作为工程预算估算材料用量使用，不作为实际工程施工制作使用。
实际尺寸大小，应以实际1：1放样为准。

图6-49 双片角钢支撑选用表

构件材料表

支撑编号	构件号	断面/mm	长度/mm	数量	重量/kg 每个重	重量/kg 共重	总重
ZCXj-72-12	1	L80×50×6	9720	2	57.6	115.2	433.0
	2	L80×50×6	4795	2	28.4	56.8	
	3	L80×50×6	4795	2	28.4	56.8	
	4	−505×10	390	4	15.5	62.0	
	5	−480×10	390	4	14.7	58.8	
	6	−285×10	605	2	13.5	27.0	
	7	L45×4	540	32	1.5	48.0	
	8	L45×4	760	4	2.1	8.4	
ZCXj-72-22	1	L90×56×7	9710	2	75.3	150.6	523.8
	2	L90×56×7	4785	2	37.1	74.2	
	3	L90×56×7	4785	2	37.1	74.2	
	4	−540×10	415	4	17.6	70.4	
	5	−500×10	415	4	16.3	65.2	
	6	−310×10	675	2	16.4	32.8	
	7	L45×4	540	32	1.5	48.0	
	8	L45×4	760	4	2.1	8.4	
ZCXj-72-32	1	L110×70×7	9690	2	93.6	187.2	657.2
	2	L110×70×7	4765	2	46.0	92.0	
	3	L110×70×7	4765	2	46.0	92.0	
	4	−600×10	475	4	22.4	89.6	
	5	−545×10	475	4	20.3	81.2	
	6	−370×10	820	2	23.8	47.6	
	7	L50×5	540	28	2.0	56.0	
	8	L50×5	760	4	2.9	11.6	

构件材料表

支撑编号	构件号	断面/mm	长度/mm	数量	重量/kg 每个重	重量/kg 共重	总重
ZCXj-72-42	1	L125×80×8	9675	2	121.4	242.8	862.4
	2	L125×80×8	4750	2	59.6	119.2	
	3	L125×80×8	4750	2	59.6	119.2	
	4	−645×12	520	4	31.6	126.4	
	5	−585×12	520	4	28.7	114.8	
	6	−415×12	925	2	36.2	72.4	
	7	L50×5	540	28	2.0	56.0	
	8	L50×5	760	4	2.9	11.6	
ZCXj-78-12	1	L80×50×6	10110	2	60.0	120.0	451.2
	2	L80×50×6	4995	2	29.6	59.2	
	3	L80×50×6	4995	2	29.6	59.2	
	4	−525×10	385	4	15.9	63.6	
	5	−500×10	385	4	15.1	60.4	
	6	−280×10	600	2	13.2	26.4	
	7	L45×4	540	36	1.5	54.0	
	8	L45×4	760	4	2.1	8.4	
ZCXj-78-22	1	L90×56×7	10100	2	78.4	156.8	541.8
	2	L90×56×7	4985	2	38.7	77.4	
	3	L90×56×7	4985	2	38.7	77.4	
	4	−565×10	415	4	18.4	73.6	
	5	−520×10	415	4	16.9	67.6	
	6	−310×10	670	2	16.3	32.6	
	7	L45×4	540	32	1.5	48.0	
	8	L45×4	760	4	2.1	8.4	

注：本材料表仅作为工程预算估算材料用量使用，不作为实际工程施工制作使用，实际尺寸大小，应以实际 1：1 放样为准。

图 6-50 支撑材料选用表

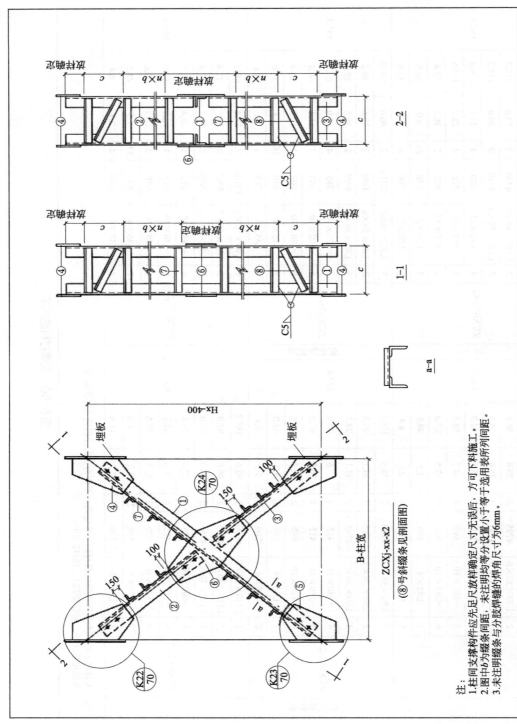

注:
1. 柱间支撑构件应先足尺足尺放样确定尺寸无误后，方可下料施工。
2. 图中b为缀条间距，未注明均等分设置小于等于表所列间距。
3. 未注明缀条与分肢焊缝均焊角尺寸为6mm。

图6-51　支撑大样图

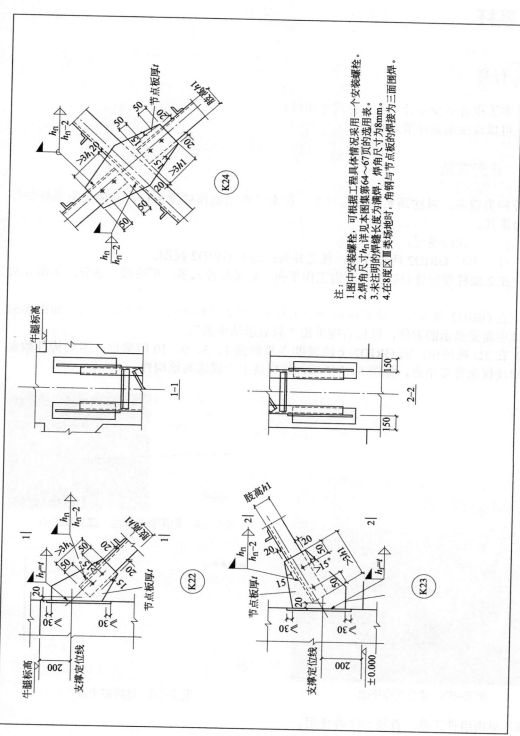

图6-52 支撑详图

6.2 系杆

6.2.1 任务

（1）本工程有多少系杆？各零件尺寸如何？

（2）可以直接用系杆节点吗？

6.2.2 任务实施

系杆种类很多，以柱顶系杆最为复杂。在本节中仅制作柱顶系杆，其他类型系杆制作过程不再重复。

（1）打开上次的模型。

（2）打开 3D、GRID2 两个视图，使之并列；选中 GRID2 视图。

（3）在 2 轴柱顶创建斜肋板顶面为工作平面；如果构件太多，可隐藏一部分，如图 6-53 所示。

（4）在 GRID2 导入参考模型钢构 20.0-1.dwg，找到系杆中心，建立辅助点，如图 6-54 所示。选中需要显示的零件，鼠标右键单击"只显示选中的"。

（5）在 3D 视图中，将 GRID2 上的辅助点复制到 1、3、9、10 门架顶；因为构件数量太多，启动仅选择多个点，如图 6-55 所示，这样就不会误选其他构件。

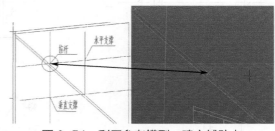

图 6-54 利用参考模型，建立辅助点

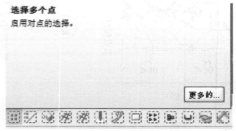

图 6-55 选择多个点

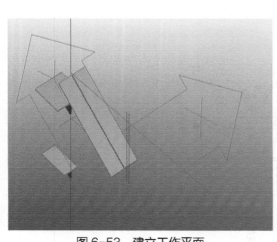

图 6-53 建立工作平面

（6）单击组件工具，查找 S47 并使用。

① 在图形选项上填写参数，如图 6-56 所示。

② 在零件选项卡中填写管子、端板、节点板参数，如图 6-57、图 6-58 所示。

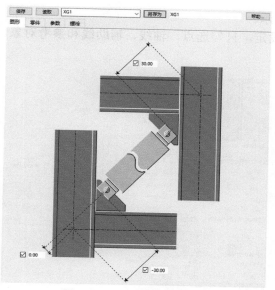

图 6-56 S47 图形选项卡

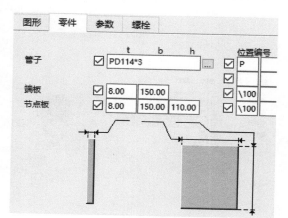

图 6-57 S47 零件选项卡

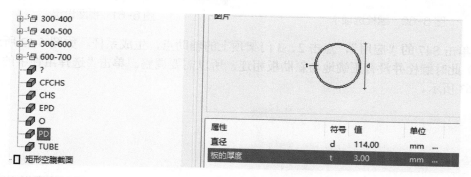

图 6-58 管子直径选择

③ 在参数选项卡中填写参数，如图 6-59 所示。

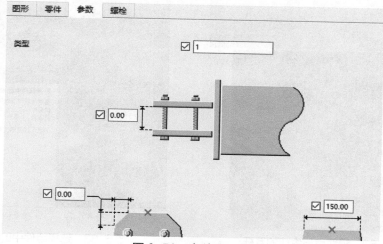

图 6-59 参数选项卡

④ 在螺栓选项卡中填写参数，如图 6-60 所示。

⑤ 为防止误点，调用视图属性→显示→设定，只勾选点、轴线、辅助线和参考对象。视图设定如图 6-61 所示。

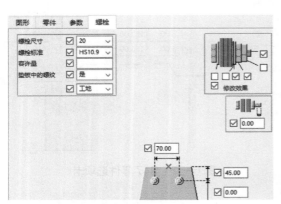

图 6-60　螺栓选项卡

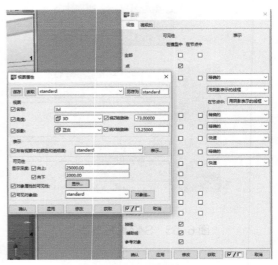

图 6-61　视图设定

⑥ 单击 S47 的"应用"，点击 2、3 门架顶上的辅助点，生成系杆，如图 6-62 所示。

（7）此时螺栓并没有正确地与斜肋板相连，所以需要调整。单击"选择组件中的零件"，如图 6-63 所示。

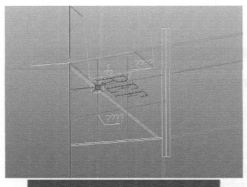

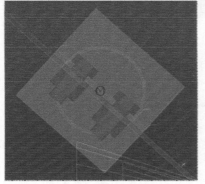

图 6-62　辅助点与生成的系杆

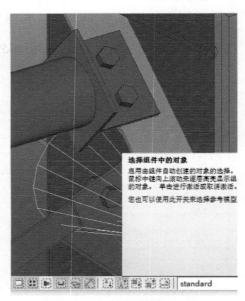

图 6-63　选择组件中的零件

（8）调整螺栓，修改连接的板，加上门架上的肋板，具体操作如下。

① 选中螺栓，鼠标右键螺栓部件，如图 6-64 所示。

② 修改螺栓部件，用螺栓连接端板与斜肋板，如图 6-65 所示。

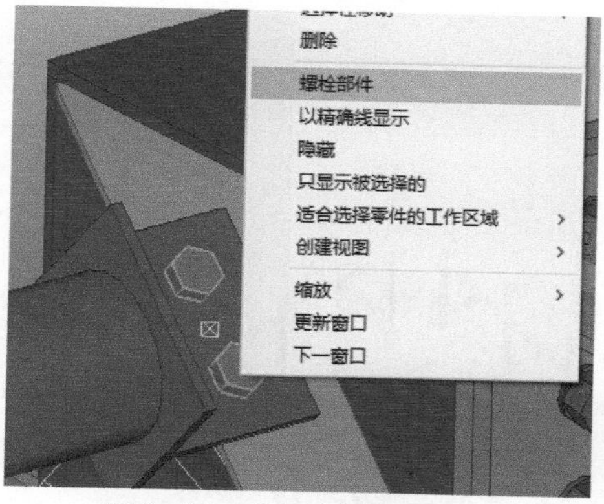

图 6-64　鼠标右键螺栓部件

图 6-65　修改螺栓部件

③ 修改前后的端板与斜肋板，如图 6-66 所示。

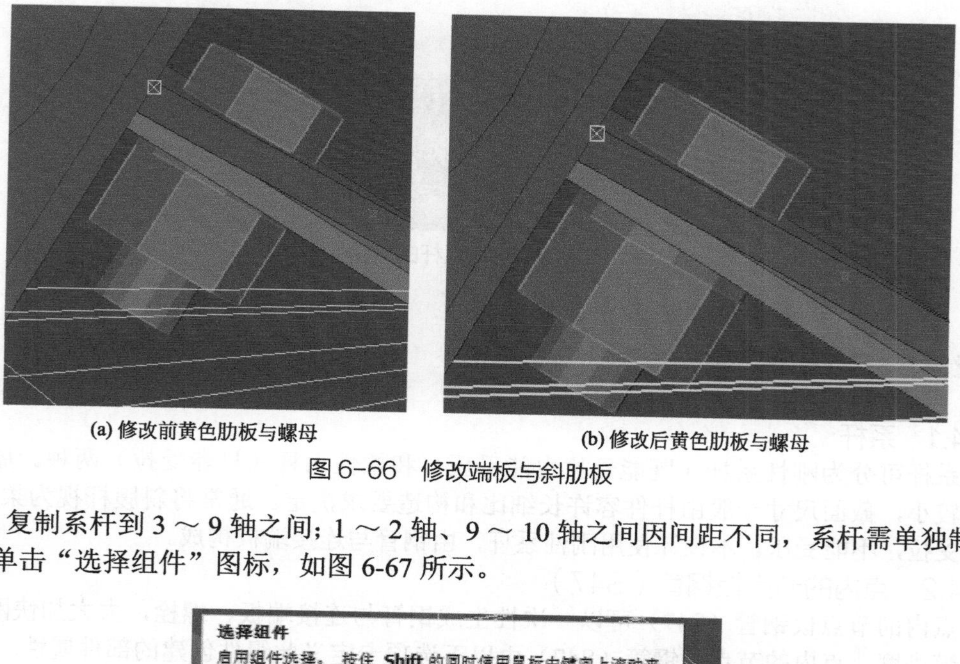

(a) 修改前黄色肋板与螺母

(b) 修改后黄色肋板与螺母

图 6-66　修改端板与斜肋板

（9）复制系杆到 3 ～ 9 轴之间；1 ～ 2 轴、9 ～ 10 轴之间因间距不同，系杆需单独制作。

① 单击“选择组件”图标，如图 6-67 所示。

图 6-67　选择组件

② 单击选择系杆，复制到 3 ～ 9 轴之间。

③ 重复（1）～（6）步骤，制作 1 ～ 2 轴、9 ～ 10 轴之间的系杆。

（10）制作其他系杆（因难度低于斜肋板上的系杆，但操作方法类似，此处不再重复）。

（11）保存模型。

6.2.3　任务结果

结果如图 6-68 所示。

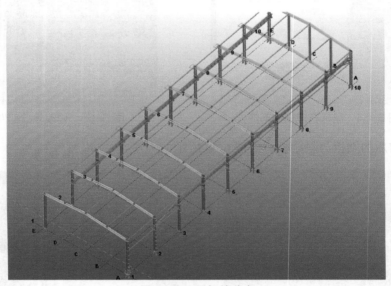

图 6-68　系杆的分布

6.2.4　任务资料

6.2.4.1　系杆

系杆可分为刚性系杆（既能受拉也能受压）和柔性系杆（只能受拉）两种。屋盖支撑受力较小，截面尺寸一般由杆件容许长细比和构造要求决定。通常将斜腹杆视为柔性杆件，只能受拉，不能受压。本设计使用刚性系杆，由钢管与连接端板构成。

6.2.4.2　点内的节点板钢管（S47）

点内的节点板钢管（S47）可以一次性生成钢管与连接端板、螺栓，大大加快刚性系杆的建模进度。点内的节点板钢管（S47）由以下选项卡定义此组件创建的部件属性。

（1）图形选项卡　建模前要准确找到刚性系杆的中心线与柱的交点，如图 6-69 中的 *A*、*B* 两点。

① 刚性系杆起点与 *A* 之间的间距，通常输入正值，如 30。

② 刚性系杆起点与 *B* 之间的间距，通常输入负值，如 -30，与①中输入的位置绝对值相等。

③ 刚性系杆的中心线偏移距离，默认为 0。

（2）零件选项卡　零件选项卡可输入管子、端板和 T 形构件的属性，如图 6-70 所示，按设计输入部件尺寸、定义材料、位置编号、名称。

图 6-69　图形选项卡

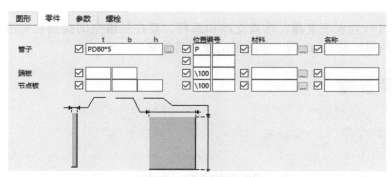

图 6-70　零件选项卡

（3）参数选项卡

① 刚性系杆的状态。

② 刚性系杆双层两节点板的间距；通常输入 0，即使用单层节点板。

③ 刚性系杆的节点板的切角，默认为 0。

④ 刚性系杆的节点板顶端宽度。可输入一个小于图 6-71 所示的节点板宽度的值，将节点板变为梯形。

（4）螺栓选项卡　在螺栓选项卡中可输入螺栓组属性。

6.2.4.3　S47建模方法

S47 建模步骤具体如下。

（1）找到刚性系杆的中心线与柱的交点，如图 6-69 中的 A、B 两点。

（2）单击刚性系杆起始点 A。

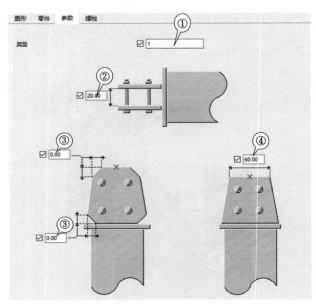

图 6-71　零件选项卡

（3）单击刚性系杆结束点 *B*。

（4）单击鼠标中键创建此组件。

6.2.5　知识链接

支撑系统可分为水平支撑、垂直支撑和系杆。要在三维空间找到它们的建模点并非易事，因此需要利用辅助 CAD 图。图的画法参考第 3 章。

6.3　水平支撑

6.3.1　任务

（1）本工程哪些部位有水平支撑？各构件尺寸如何？

（2）可以直接用水平支撑节点吗？

6.3.2　任务实施

（1）打开上次的模型，打开 3D，PLAN10.0 两个视图，使之并列，选中 3D 视图、GRID2。

（2）为了免于干扰，可以选择视图→显示→设定，只显示点、轴线、参考模型，如图 6-72 所示。

（3）在 GRID2 上导入参考模型钢构 20.0-1.dwg，并复制到轴 3—3、轴 6—6、轴 7—7、轴 9—9、轴 10—10，利用参考模型伸出屋面的点在屋顶找出辅助点，如图 6-73 所示。

（4）使用螺丝套筒支撑（S3）

① 单击组件，搜索螺丝套筒支撑。选中螺丝套筒支撑（S3）并打开图形选项卡，在杆深度方向偏移输入 105，如图 6-74 所示。

图 6-72　视图只显示点、轴线、参考模型

图 6-73　水平支撑辅助点

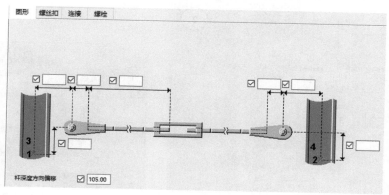

图 6-74　图形选项卡

② 在螺丝扣选项框中填写杆的参数，选择杆直径为 *D20*，螺丝扣参数输入如图 6-75 所示。

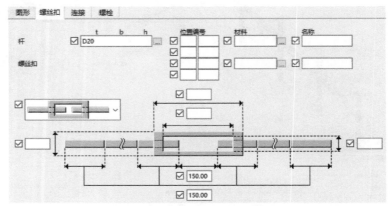

图 6-75 螺丝扣选项卡

③ 在螺栓选项框中填写螺栓的参数，选择螺栓直径 20，如图 6-76 所示。

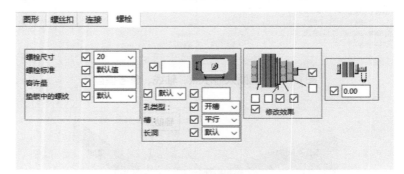

图 6-76 螺栓选项卡

④ 按图示顺序先单击两个辅助点 1、2，再单击两个 H 型钢梁 3、4，如图 6-77、图 6-78 所示（注意：柱顶处无 H 型钢梁，需要做一小段辅助梁）。

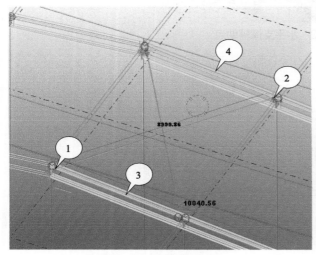

图 6-77 图形顺序

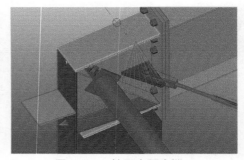

图 6-78 柱顶水平支撑

（5）重复使用螺丝套筒支撑（S3）的①~④步，在轴 2 与轴 3 之间、轴 6 与轴 7 之间、轴 9 与轴 10 之间做水平支撑，如图 6-79 所示。

（6）恢复原始工作平面。

（7）选中节点，单击鼠标右键炸开节点，镜像到另一半（如不炸开节点则无法镜像）；如图 6-80 所示。

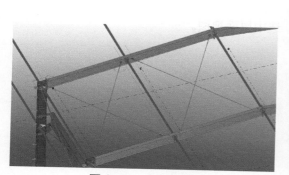

图 6-79　水平支撑

图 6-80　炸开节点

（8）保存模型。

6.3.3　任务结果

结果如图 6-81 所示。

图 6-81　水平支撑

6.3.4　任务资料

螺丝套筒支撑是创建套筒支撑的主要工具，大部分参数类似于前面所介绍的组件，不再重复说明。在图形选项卡中，定义支撑的定位参数是十分重要的。螺丝套筒支撑（S3）以杆深度方向偏移来定位，其指的是相对于梁的中心线的偏移，向上为正，向下为负；本例中 SC1 距离上顶面 150mm，梁高为 510mm，则中心线距顶面 255mm，所以输入的数值为 255mm-150mm=105mm。

6.3.5　知识链接

简单的水平圆钢支撑制作如下：

（1）打开上次的模型。

（2）打开 3D、屋面两个视图，使之并列，选中屋面视图。

（3）三点定义屋面工作平面。

（4）辅助点。

（5）使用梁图标绘制圆钢。

① 单击梁图标。

② 在属性框中填写圆钢的参数。

（6）使用端头节点—抗风支撑

① 单击"组件"→查找"抗风支撑"。

② 打开"抗风支撑"属性框填写参数，。

③ 先单击梁，再单击圆钢，生成端头。

（7）保存模型。

思考与练习

1．本章中一共制作了几种支撑？几种支撑有何区别？

2．利用 Tekla 制作圆钢水平支撑。

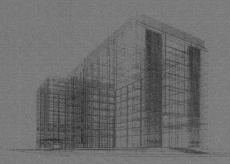

第7章

二楼与楼梯

重点和难点

1. 找到楼梯的起点与终点。
2. 调整主梁与次梁的顶面位置。

7.1 二楼

7.1.1 任务

（1）二楼共有几种梁？

（2）楼板如何建模？

7.1.2 任务实施

（1）打开上次的模型。

（2）打开 3D、PL4.4 两个视图，使之并列；选中 PL4.4 视图，1-1 轴右偏 100mm 作一条辅助轴，按照设计图作辅助线、辅助点，如图 7-1 所示。

（3）立 GZ2 柱

① 单击柱图标，打开。

② 在属性选项中填写柱的尺寸参数，如图 7-2 所示。

③ 在位置选项中填写柱的高度参数，如图 7-3 所示。

④ 按设计图放柱于辅助轴上，在 B 轴、C 轴、D 轴与 1 轴、2 轴的交点位置，注意山墙柱的位置，如图 7-4 所示。

（4）按设计图连接山墙柱与刚架梁。

① 使用组件→支座（39），如图 7-5 所示。

② 在螺栓选项卡中输入螺栓参数，如图 7-6 所示。

③ 在零件选项卡中输入零件参数，如图 7-7 所示。

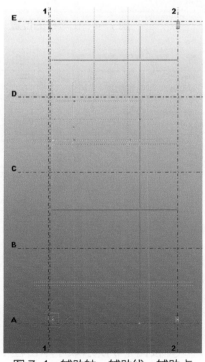

图 7-1　辅助轴，辅助线、辅助点

图 7-2 柱的尺寸参数

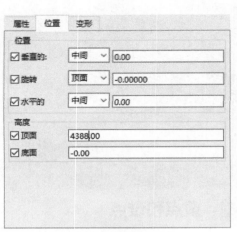

图 7-3 位置选项

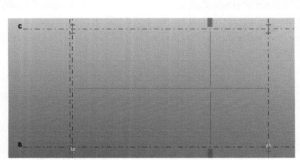

图 7-4 山墙柱的位置

图 7-5 组件目录

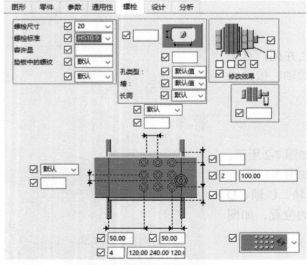

图 7-6 螺栓选项卡

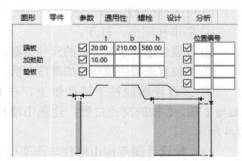

图 7-7 零件选项卡

④ 按图 7-8 所示顺序单击柱 1 与梁 2。

⑤ 连接成功，如图 7-9 所示。

图 7-8 建模顺序

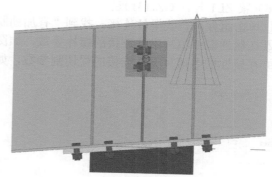

图 7-9 柱与斜梁连接

（5）架梁

① 单击梁，打开。

② 在属性框中填写主梁 ZL1 的尺寸参数，如图 7-10 所示。

③ 在属性框中填写主梁 ZL1 的位置参数，如图 7-11 所示，保存为 ZL1。

④ 在属性框中填写次梁的尺寸参数，如图 7-12 所示，另存为 CL1。

⑤ 在属性框中填写次梁的位置参数，与主梁一致。

⑥ 按设计图与辅助线先单击起点，再单击终点，完成二楼所有梁，如图 7-13 所示。

属性

☑ 名称：	BEAM	
☑ 截面型材	HI385-8-10*200	选择...
☑ 材质	Q235B	选择...
☑ 抛光		
☑ 等级	6	
☑ 用户定义属性...		

图 7-10 ZL1 的属性选项卡

属性	位置	变形

位置

☑ 在平面上	中间 ∨	0.00
☑ 旋转	顶面 ∨	-0.00000
☑ 在深度	后部 ∨	12.00

图 7-11 ZL1 位置选项卡

属性

☑ 名称：	BEAM	
☑ 截面型材	HN346*174*6*9	选择...
☑ 材质	Q235B	选择...
☑ 抛光		
☑ 等级	8	
☑ 用户定义属性...		

图 7-12 CL1 的属性选项卡

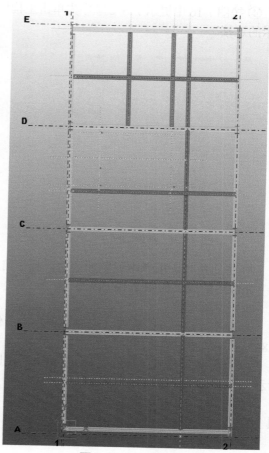

图 7-13 二楼的梁

（6）梁 ZL1 与柱 GZ2(3) 连接

① 单击组件，查找梁柱连接。找到"有加劲肋的柱（188）"。

② 在属性框中填写梁柱连接的螺栓参数，如图 7-14 所示。

③ 在属性框中填写梁柱连接的梁切割参数，如图 7-15 所示。

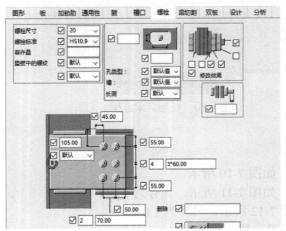

图 7-14　有加劲肋的柱（188）螺栓选项卡　　　图 7-15　有加劲肋的柱（188）梁切割参数

④ 按图 7-16 中提示 1→2 顺序先单击主构件 1，再单击次构件 2。鼠标中键生成如图 7-17 所示的连接。

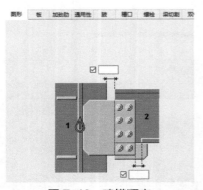

图 7-16　建模顺序

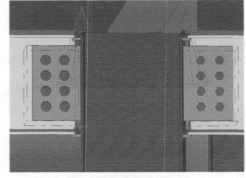

图 7-17　梁柱连接

⑤ 在加劲肋选项卡中调整加劲肋，制作第三个连接，如图 7-18 所示。

完成后的效果如图 7-19 所示。

（7）梁梁连接

① 单击"组件"，查找"梁梁连接"→"特殊焊接到上翼缘（149）"或"特殊的全深度（185）"。

② 以特殊焊接到上翼缘（149）为例，在属性框中填写梁梁连接的螺栓参数，如图 7-20 所示。

③ 按图 7-21 中所示 1→2 顺序先单击主构件 1，再单击次构件 2。生成的梁梁连接见图 7-22。

（8）楼板

① 单击板。

② 在属性框中填写板的属性，如图 7-23 所示。
③ 在属性框中修改板的位置参数，如图 7-24 所示。

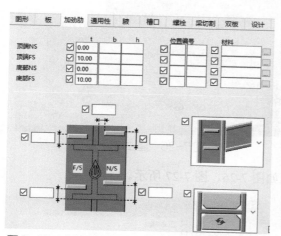

图 7-18　有加劲肋的柱（188）的加劲肋选项卡

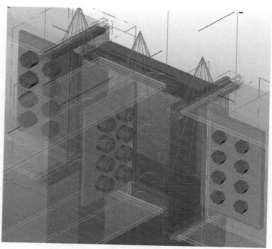

图 7-19　有加劲肋的柱（188）

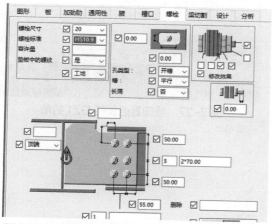

图 7-20　特殊焊接到上翼缘（149）螺栓选项卡

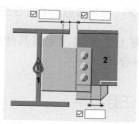

图 7-21　特殊焊接到上翼缘（149）建模顺序

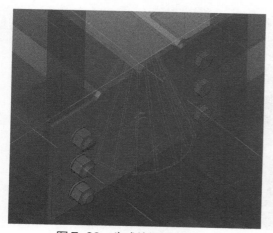

图 7-22　生成的梁梁连接

图 7-23　板的属性

④ 按提示顺序单击板的四个角点，建立板如图 7-25 所示。

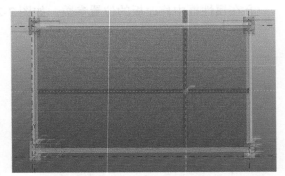

位置
☑ 在深度： 后部 ▼ 0.00

图 7-24　板的位置

图 7-25　建立楼板

⑤ 单击角点，修理靠近刚架柱 GZ 的角，如图 7-26、图 7-27 所示。

图 7-26　修理靠近刚架柱 GZ2 的角

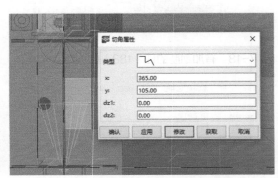

图 7-27　修理靠近长柱 GZ1 的角

⑥ 重复上述步骤，完成其他板。

（9）保存模型。

7.1.3　任务结果

楼板完成如图 7-28 所示。

图 7-28　楼板完成

7.1.4 任务资料

7.1.4.1 零件角部切角

　　创建一个零件时，默认情况下，该零件的每个角点处均为矩形折角，可以对零件角点和零件边缘进行切角。其中多边形板、混凝土板和通过选取两个以上点创建的零件（条形基础、钢结构和混凝土折梁以及混凝土面板）可以切角，零件的端点不能切角。切角的类型一共有 7 种，如表 7-1 所示。

表 7-1　切角的类型

切角结果	图形	名称	说明
		无切角	无需输入 x 和 y 值
		线	需要输入 x 方向上距角点的距离和 y 方向上距角点的距离。
		圆弧	只需要输入 x 数值；这个数值代表半径，切出凸形圆弧
		弧	与圆弧类似，以 x 方向的数值来表示半径，切出凹形圆弧
		圆弧点	无需输入 x、y 值，将与该点相关的两条直边变成圆弧

续表

切角结果	图形	名称	说明
		方形	切出直角垂直于边线
		方形平行	切角平行于对边
		线和弧	x、y 均与需输入数值，其中小的那一个就是圆弧的半径，大的那一个就是距角点的距离

7.1.4.2　拐角处斜角

要修改拐角处斜角，操作步骤如下。

（1）双击零件任意角部的控柄。将显示折角属性对话框。

（2）修改折角属性参数，如 x 方向或 y 方向上的长度。

（3）单击修改。

7.1.4.3　折梁折角

Tekla 建立的折梁，默认生成矩形拐角；可以运用切角工具修改默认拐角。Tekla 使用不同颜色折角线来显示折梁折角的状态，其中红紫色表示正确的折角，如图 7-29（a）所示；黄色表示无法展开的正确折角，如图 7-29（b）所示；折梁消失，显示梁为杆件表示不正确的折角，如图 7-29（c）所示。

(a) 红紫色　　　　　　　　(b) 黄色　　　　　　　　(c) 轮廓线

图 7-29　三种折角

要显示折梁的折角线，将高级选项 XS_DRAW_CHAMFERS_HANDLES 设置为 CHAMFERS。

7.1.4.4　零件边缘折角

将零件边缘切成折角，操作步骤如下。

（1）单击"细部"→"创建切角"→"零件边缘"。

（2）选择要折角的零件。

（3）在零件边缘上选取一点作为折角的起始点。

（4）在零件边缘上选取另一点作为折角的结束点。

（5）单击生成的切角，修改属性，如图 7-30 所示。

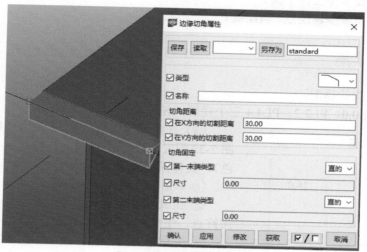

图 7-30　边缘切角属性

（6）右键单击视图并选择"重画视图"。Tekla Structures 将去除切角的边缘。

7.1.4.5　创建圆板

利用切角的命令，可以创建圆板。要创建圆板，操作步骤如下。

（1）创建四边相等的正方形板。

（2）在四个角点使用圆弧点折角类型，将角倒圆。

7.1.5　知识链接

（1）梁与楼板的关系　楼板厚度 12mm，板顶为楼面标高，所以梁顶平齐在 4400mm-12mm=4388mm 标高的水平面上，楼面连接大样见图 7-31。

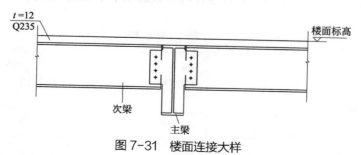

图 7-31　楼面连接大样

（2）可以不用切角的命令，画板的时候绕过长柱，但是一定要在柱与板间留出 2 ～ 3mm 间隙，便于安装。

7.2 楼梯

7.2.1 任务

（1）楼梯需要多少工作平面？

（2）楼梯需要多少辅助点、辅助线？

7.2.2 任务实施

（1）打开上次的模型。

（2）打开 PL0.0、PL2.2、PL4.4 三个视图，使之并列。

图 7-32　辅助线位置

（3）在由 C、D 轴与 1、2 轴围成的区域内，参考图 7-32 尺寸，在三个视图上同时绘制 4 条辅助线（蓝色）。具体操作步骤如下。

① 单击辅助点图标，打开。

② 在属性框中填写距离参数，先单击起点，再单击终点，生成两个辅助点。

③ 先后单击两个辅助点，如图 7-33 所示，生成辅助线。

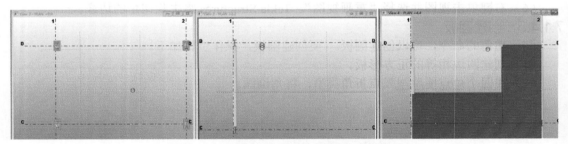

图 7-33　在三个视图上同时绘制 4 条辅助线

（4）调用组件→楼梯（S82），输入零件与参数选项卡中数值，如图 7-34 所示。

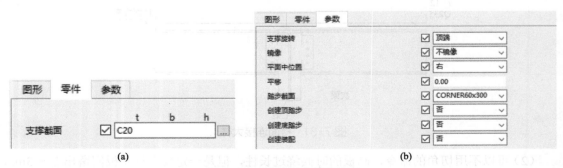

(a)　　　　　　　　　　　　　　　　(b)

图 7-34　零件与参数选项卡

（5）输入图形参数并保存。先单击 PLAN0.0 上的 *A* 点，再单击 PLAN2.2 上的 *B* 点，建立第一段楼梯，如图 7-35 所示。

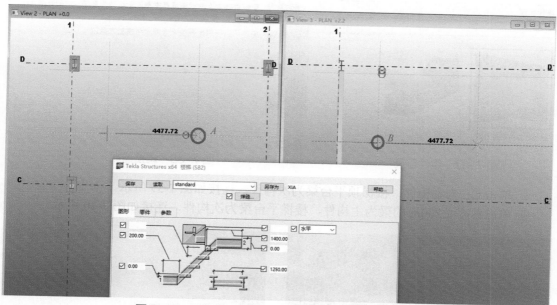

图 7-35　PLAN0.0 上的 *A* 点与 PLAN2.2 上的 *B* 点

（6）修改图形参数并保存。先单击 PLAN2.2 上的 *C* 点，再单击 PLAN4.4 上的 *D* 点，建立第二段楼梯，如图 7-36 所示。

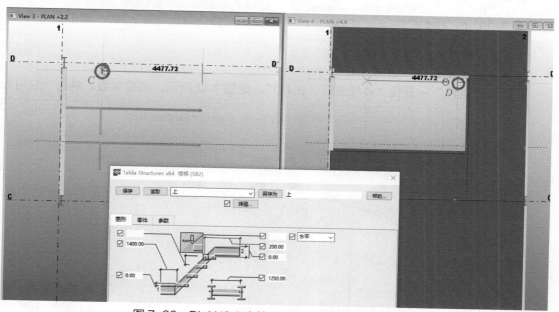

图 7-36　PLAN2.2 上的 *C* 点与 PLAN4.4 上的 *D* 点

（7）利用组件特殊焊接到上翼缘（149）将楼梯连接到横梁。

① 组件特殊焊接到上翼缘（149），如图 7-37 所示。

② 调整捕捉为选择组件中的对象，如图 7-38 所示。

图 7-37 组件目录

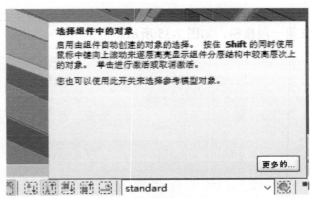

图 7-38 调整捕捉

③ 单击 CL 为主构件，楼梯顶平台梁为次构件，连接如图 7-39 所示。

④ 单击标高 2.200m 的梁为主构件，楼梯平台梁为次构件，连接如图 7-40 所示。

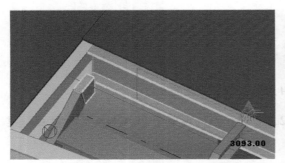

图 7-39 CL 与楼梯顶平台梁的连接

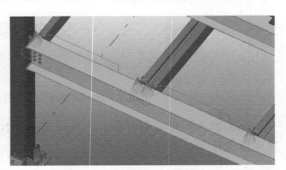

图 7-40 标高 2.200m 梁连接

（8）创建楼梯底部细部（1043）

① 删除底楼平台梁，如图 7-41 所示。

② 单击"组件"→查找"楼梯细部（1043）"，如图 7-42 所示，调整参数，单击"应用"。

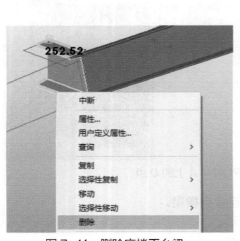

图 7-41 删除底楼平台梁

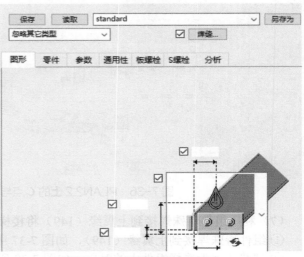

图 7-42 楼梯细部（1043）

③ 先选中梯边梁，再单击梯边梁顶，如图 7-43 所示。

④ 重复步骤①～③，生成另一个底部，如图 7-44 所示的楼梯细部。

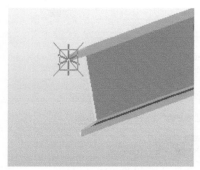

图 7-43 梯边梁顶

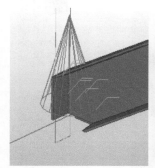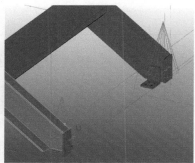

图 7-44 楼梯细部

（9）在 PLAN2.2 上完成小平台。

① 在 PLAN2.2 上加钢板，板属性如图 7-45 所示。

② 架楼梯平台下的小梁，梁属性值如图 7-46 所示，楼梯平台下小梁的起点与终点，如图 7-47 所示。

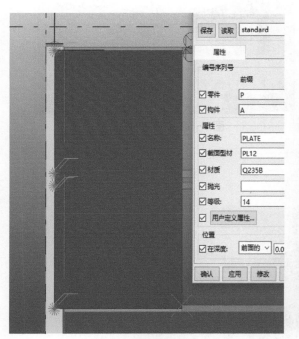

图 7-45 板的属性

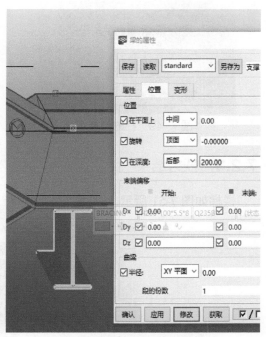

图 7-46 楼梯平台下的小梁

③ 立楼梯平台下的小柱，如图 7-48、图 7-49 所示。

④ 利用组件完成梁柱连接，如图 7-50 所示。

（10）保存模型。

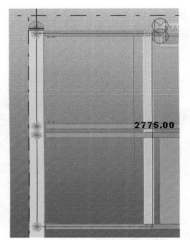

图 7-47　楼梯平台下小梁的起点与终点

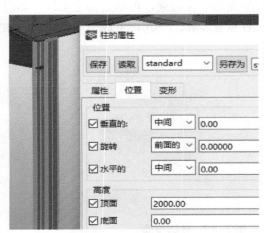

图 7-48　柱的属性

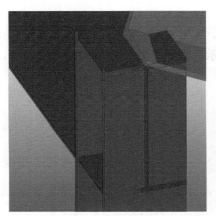

图 7-49　柱的位置

图 7-50　梁柱连接

7.2.3　任务结果

楼梯如图 7-51 所示。

图 7-51　楼梯

7.2.4 任务资料

7.2.4.1 Tekla楼梯的种类

楼梯的组件很多，在组件目录中搜索结果如图 7-52 所示，但用的最多的是 S82；S71 虽然也较为实用，但其参数设置比较复杂。

7.2.4.2 S82楼梯组件

楼梯宏命令 (82) 生成直的楼梯，楼梯可选择带有上、下楼梯平台。

（1）图形　在图形选项框中输入数值，可以用来控制楼梯的形状；一共有 7 个选项，如图 7-53 所示。各项含义如下。

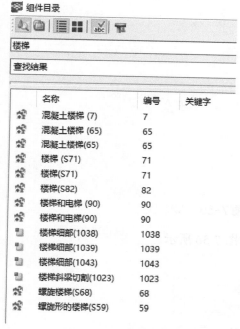

图 7-52　楼梯种类

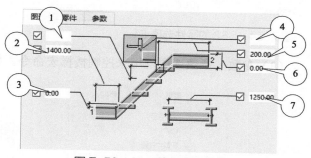

图 7-53　S82 的图形选项卡

① 最大踏步距离　在此定义踏步之间的最大高度差。最大高度的默认值为 230mm。梯级高度的默认值通过下式计算得出：$(Z×220)/(Z+220)$，其中 Z 是楼梯的高度，也可不输入数值。

② 底部平台长度　默认状况下不生成底部平台；如需生成则必须输入平台的长度。

③ 底部底板厚度　在此给出从选定的较低的点到纵梁顶部水平位置的距离。默认状况下底部底板厚度为 30mm。可输入数值 0 以便今后生成符合设计的板。

④ 踏步前缘距离　定义纵梁之间插入踏步的距离，默认值为 20mm，可不输入数值。

⑤ 顶部底板厚度　在此给出从选定的较高的点到纵梁顶部水平位置的距离。默认状况下底板厚度为 30mm，可输入数值 0 以便今后生成符合设计的板。

⑥ 顶部平台长度　默认状况下不生成顶部平台，如需生成则必须输入平台的长度。

⑦ 宽度　楼梯的宽度，即踏步的水平长度可在此定义。默认值为 1000mm。按设计要求输入数值。

（2）零件　零件选项卡可以定义宏命令中生成的零件的属性。如图 7-54 所示。

纵梁截面—在此定义纵梁和平台梁的截面。默认值为 C20。如图 7-55 所示。

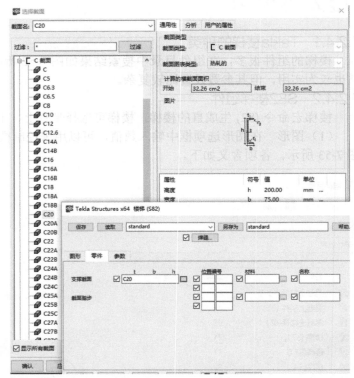

图 7-54　S82 的零件选项卡

图 7-55　C20 截面

（3）参数　参数选项框用来控制楼梯宏命令。如图 7-56 所示。

图 7-56　S82 的参数选项卡

① 支撑旋转　通过此选项菜单可以定义在工作平面上纵梁绕自身轴的旋转。选项与梁的属性对话框内选项菜单旋转中的选项相同：前部、顶部、后部和底部，默认值为顶部。

② 镜像　通过此选项菜单可以定义是否镜像，默认值为不镜像。

③ 平面中位置　通过此选项菜单可以定义楼梯在工作平面内的位置。选项与梁的属性对话框内选项菜单平面内位置中的选项相同：左、中和右。默认值为右。

④ 平移　对于平面内位置选项，通过此参数可定义梁移动多少距离；默认值为零。

⑤ 踏步截面　通过此选项菜单可以选择梯级截面，实际的梯级被生成为等高板。梯级本身的内在结构并未说明。

⑥ 创建顶踏步　通过此参数可定义是否生成顶部踏步；默认值为生成"是"，可选为否。

⑦ 创建底踏步　通过此参数可定义是否生成底部踏步；默认值为生成（是），可选为否。

⑧ 创建装配　通过此参数可定义是否生成装配，拼接楼梯的所有部件。如果选择是则梯级通过不可见的焊缝焊接到纵梁，并生成楼梯的集合图，默认选项为否。

7.2.4.3　楼梯的细部

楼梯的细部一般是对梯边梁的端部的处理，常见有楼梯底部细部（1038）、楼梯底部细部（1039）、楼梯底部细部（1043）、楼梯斜梁切割（1023）四种，可根据需要选择。操作的方法比较简单，一般是选择梯边梁，然后选择梁顶作为放置的位置。如图 7-57 ～图 7-60 所示。

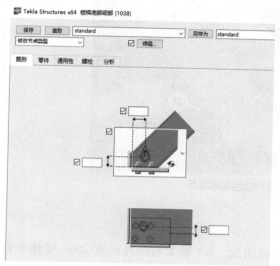

图 7-57　楼梯底部细部（1038）

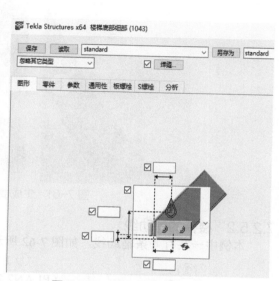

图 7-58　楼梯底部细部（1043）

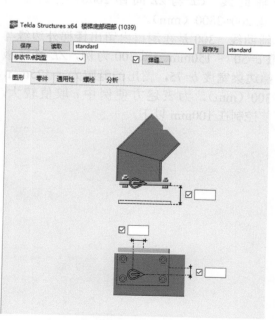

图 7-59　楼梯底部细部（1039）

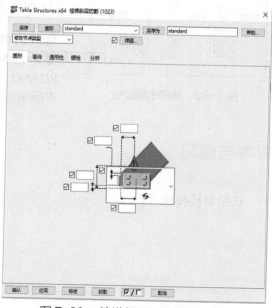

图 7-60　楼梯斜梁切割（1023）

7.2.5 知识链接

7.2.5.1 楼梯的起点与终点

生成楼梯时要选定两辅助点，倾斜的左梯边梁的右侧最高点和最低点，在两个点之间生成楼梯。先单击最低点，再单击最高点。以本书中使用的 C、D 两个点为例，先单击 2.2 平面上的 C 点，再单击 4.4 平面上的 D 点。如图 7-61 所示。

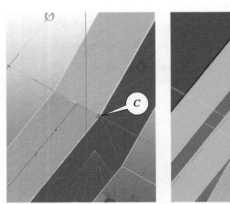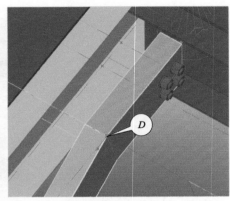

图 7-61 生成楼梯时选定两辅助点

7.2.5.2 楼梯的辅助线

本例中一共有 4 条辅助线，如图 7-62 所示。

图 7-62 楼梯的辅助线

① 1 号辅助线 1-1 轴上的梁翼板宽 200+ 楼梯平台（PLAN2.2）宽 1400=1600（mm）。

② 2 号辅助线 CL 与 ZL 间距 2600+ 楼梯平台（PLAN4.4）宽 200=2800（mm）。

③ 3 号辅助线 300 是在洞口内留出楼梯外边缘与洞口的缝隙 c=50 ～ 150mm。以 300 为例，ZL 梁翼板宽 B=200，梯边梁宽度 b=75，留出的缝隙为 c=125mm，$B/2+b+125=300$（mm）。为表述方便例中 c 取值较大，实际中尽可能控制在 100mm 以下。

思考与练习

试绘制楼梯扶手。

第 **8** 章

屋面系统

重点和难点

1. 绘制屋面参考模型。
2. 拉条的定位。

8.1 屋面檩条与拉条

8.1.1 任务

（1）本工程有哪几种檩条长度？各构件尺寸如何？
（2）Z 形檩条与檩托应如何放在刚架梁上？

8.1.2 任务实施

8.1.2.1 檩条

（1）打开上次的模型，打开 3D 视图，移动到屋面，确认视图模式为以阴影表示的线框，如图 8-1 所示。

图 8-1 屋面 3D 视图

（2）三点定义 1 轴线与 A 轴线处柱顶屋面为工作平面，如图 8-2 所示。

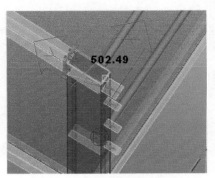

图 8-2　三点定义工作平面

（3）在柱顶输入参考模型 LT.dwg，如图 8-3 所示。

图 8-3　输入参考模型

（4）使用 ZZ 梁制作檩条

① 单击梁打开，在其属性中填写梁的位置参数，如图 8-4 所示。檩条与刚架梁的关系如图 8-5 所示。

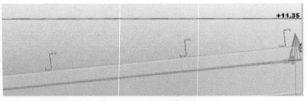

图 8-4　檩条的位置　　　　　　　　　图 8-5　檩条与刚架梁的关系

② 在属性框中填写檩条的属性参数，分别保存为 LT1、LT2，如图 8-6 所示。

③ 按参考模型 LT.dwg 顺序单击边跨檩条起点、终点，单击第二跨檩条起点、终点，生成如图 8-7 所示檩条。

图 8-6　檩条的截面型材　　　　　　　　　图 8-7　檩条的搭接

（5）沿 y 方向复制屋面檩条

① 单击两根檩条，右键打开"复制"→"线性复制"。在线性复制框中填写 y 方向距离 1500 及复制的个数 6，x 方向为 0，如图 8-8 所示。

② 单击"确认"，如图 8-9 所示，完成复制。

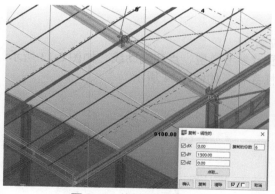

图 8-8　线性复制框

图 8-9　复制完成

③ 找到最后一排檩条，在线性复制框中填写 y 方向距离 1100 及复制的个数 1，x 方向为 0，单击"确认"，如图 8-10 所示。生成 y 向第 8 根檩条。

④ 选中第二跨的 8 根檩条，x 向复制 7 份，间距为 7500，如图 8-11 所示。

图 8-10　y 向第 8 根檩条

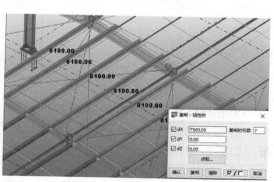

图 8-11　x 向复制

⑤选中第 9 轴与 10 轴间的 8 根檩条，改成 LT1 的尺寸，如图 8-12 所示。

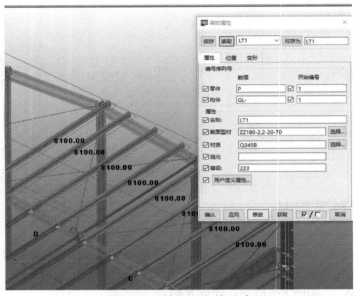

图 8-12　读取 LT1 的尺寸

8.1.2.2　拉条

（1）使用直径 12mm 圆钢梁 - 普通梁制作拉条

①调整"视图"→"显示"→"设定"，只显示参考模型、点和辅助线，如图 8-13 所示。

②单击梁打开，在属性框中填写拉条的属性参数，如图 8-14 所示。

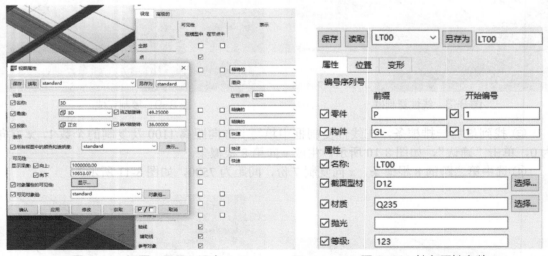

图 8-13　视图→显示→设定　　　　　　图 8-14　拉条属性参数

③在属性框中填写拉条的位置参数，如图 8-15 所示。

④按参考模型 LT.dwg 顺序，沿着玫瑰色的拉条线，先单击起点，再单击终点，生成拉条，如图 8-16 所示。

（2）使用直径 12mm 圆钢梁 - 折线梁制作斜拉条

①单击梁图标，打开；在属性框中检查梁的参数，应与步骤（1）相同。

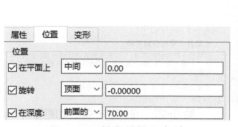

图 8-15　拉条的位置参数

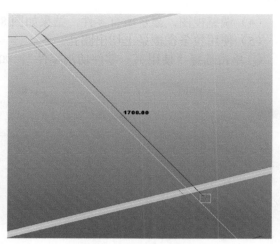

图 8-16　生成拉条

② 按参考模型 LT.dwg 顺序先单击起点、两个转折点，再单击终点，鼠标中键确认，如图 8-17 所示。

（3）撑杆的绘制

① 双击梁图标，在属性框中填写属性参数，位置与拉条一样，如图 8-18 所示。

图 8-17　斜拉条

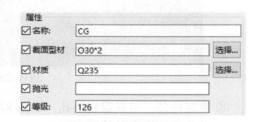

图 8-18　撑杆的属性

② 按参考模型 LT.dwg 顺序先单击起点 A，再单击终点 B，如图 8-19 所示。

③ 生成如图 8-20 所示撑杆。

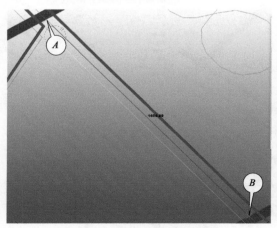

图 8-19　撑杆的起点与终点

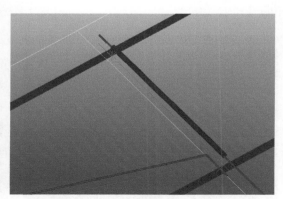

图 8-20　撑杆

（4）调整视图，显示所有零件，结果如图 8-21 所示。

（5）使用拉条在檩条上切出圆孔。

① 单击选择"使用另一零件切割零件"，如图 8-22 所示。

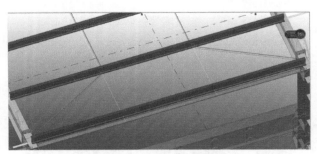

图 8-21 显示所有零件

图 8-22 使用另一零件切割零件

② 选取檩条为被切割的零件，选取拉条为切割零件，切割檩条。切割完成后可在拉条表面看到切割线，如图 8-23 所示。

图 8-23 拉条切割檩条

③ 隐藏拉条，可观察到圆孔，如图 8-24 所示。

④ 以此方法切出其他所有圆孔。

（6）y 方向复制屋面拉条。

① 单击选中所作拉条，右键选择性复制→线性复制，如图 8-25 所示。

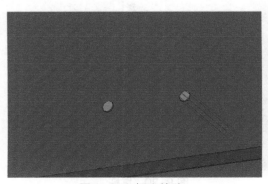

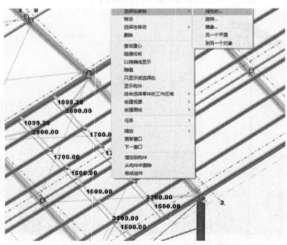

图 8-24 切出的孔

图 8-25 选择性复制→线性复制

② 在线性复制框中填写 x 方向距离 7500 及复制的个数 6，y 方向为 0，单击"复制"，如图 8-26 所示。

（7）由于边跨的檩托和隅撑与中跨檩条不一致，需移动参考模型，如图 8-27 所示。按上述步骤重新处理，完成屋面边跨的拉条、撑杆。

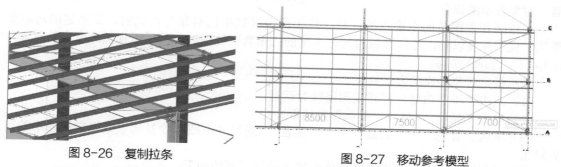

图 8-26　复制拉条　　　　　　　　图 8-27　移动参考模型

（8）恢复原始工作平面，逐跨将檩条与拉条镜像到另一半屋面。镜像拉条与檩条如图 8-28 所示。

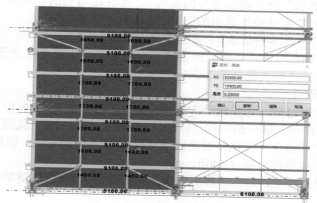

图 8-28　镜像拉条与檩条

（9）保存模型。

8.1.3　任务结果

屋面拉条与檩条如图 8-29 所示。

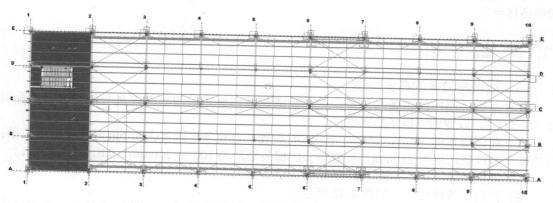

图 8-29　屋面拉条与檩条

8.1.4 任务资料

显示和隐藏对象 对象的可见性取决于对工作区，视图深度，视图设置，视图、过滤器，对象表示的设置。

工作区和视图是两个虚拟的区域，位于两个区域中的对象是可见的。新创建的对象如果位于视图深度以外，工作区域内还是可见的；重新画视图时，只显示视图深度内的对象。

8.1.4.1 显示的对象

显示指定对象操作的方法如下。

（1）双击视图空白处，打开视图属性对话框。

（2）单击"显示"，打开"显示"对话框。

（3）单击"显示"→"设定"→"可见性"。通过选中或清除复选框来指定视图中的可见对象。

在渲染视图中，可以分别定义零件和节点的显示方法如下。

（1）"线框表示"→"显示零件轮廓"，但不显示表面，整个零件是透明的。

（2）"阴影线框表示"→"显示零件的轮廓"，零件是透明的，而他们的表面阴影显示。

（3）"隐藏线"→"零件是不透明的"，即零件是不可见的。

（4）"渲染"→"显示零件表面"，零件是不透明的。

（5）"只显示选择的"→"显示所选零件"，其他零件几乎是完全透明的；此操作可以查看想要查看的部分，忽略其他复杂的影响建模的部分。

8.1.4.2 隐藏所选零件

在三维空间建模的时候，工作到一定的程度，会有非常多的零件集中在某一点上。为了排除干扰，我们可以隐藏一部分的零件，以便能看清楚建模的对象。隐藏零件的方法如下。

（1）在视图中隐藏零件，需选择要隐藏的零件或者选中某零件。鼠标右键隐藏，完全隐藏零件；在选择命令和零件时按住 Shift。

（2）要使零件重新可见，单击"视图"→"全部重画"，或者右键单击零件选中以后精确线条显示。

8.1.4.3 隐藏未选定零件

当隐藏的对象远远多于要保留的对象我们采用隐藏未选定对象，操作的方法如下。

（1）选择想要保持可见的零件。

（2）右键单击，选择"显示选择的"，未选定的零件会变为透明。要完全隐藏未选定的零件，在选择时按住 Shift 键，要将未选定的零件显示为杆件，在选择时按住 Ctrl 键。

（3）要使零件重新可见，单击"视图"→"全部重画"，或者右键单击零件并选择"以精确线条显示"。

8.1.5 知识链接

8.1.5.1 檩条与拉条的布置方法

仅看本设计图中的檩条与拉条，并不能清楚地理解他们的相互关系与位置，可查看图集 11G521-1，以便修正檩条的布置。

（1）在该图集的 39 页，跨度小于 6m 时设置一道拉条，跨度大于 6m 时设置两道拉条；屋檐端头的檩条边距为 150mm，屋脊端头的檩条边距为 100 ～ 250mm，如图 8-30 所示。

（2）隔撑安装节点，如图 8-31 所示（可供参考）。

（3）拉条、撑杆详图，如图 8-32 所示。

（4）檩托与檩条的位置关系详图 图集中给出了两种檩托，如图 8-33 所示。本设计由

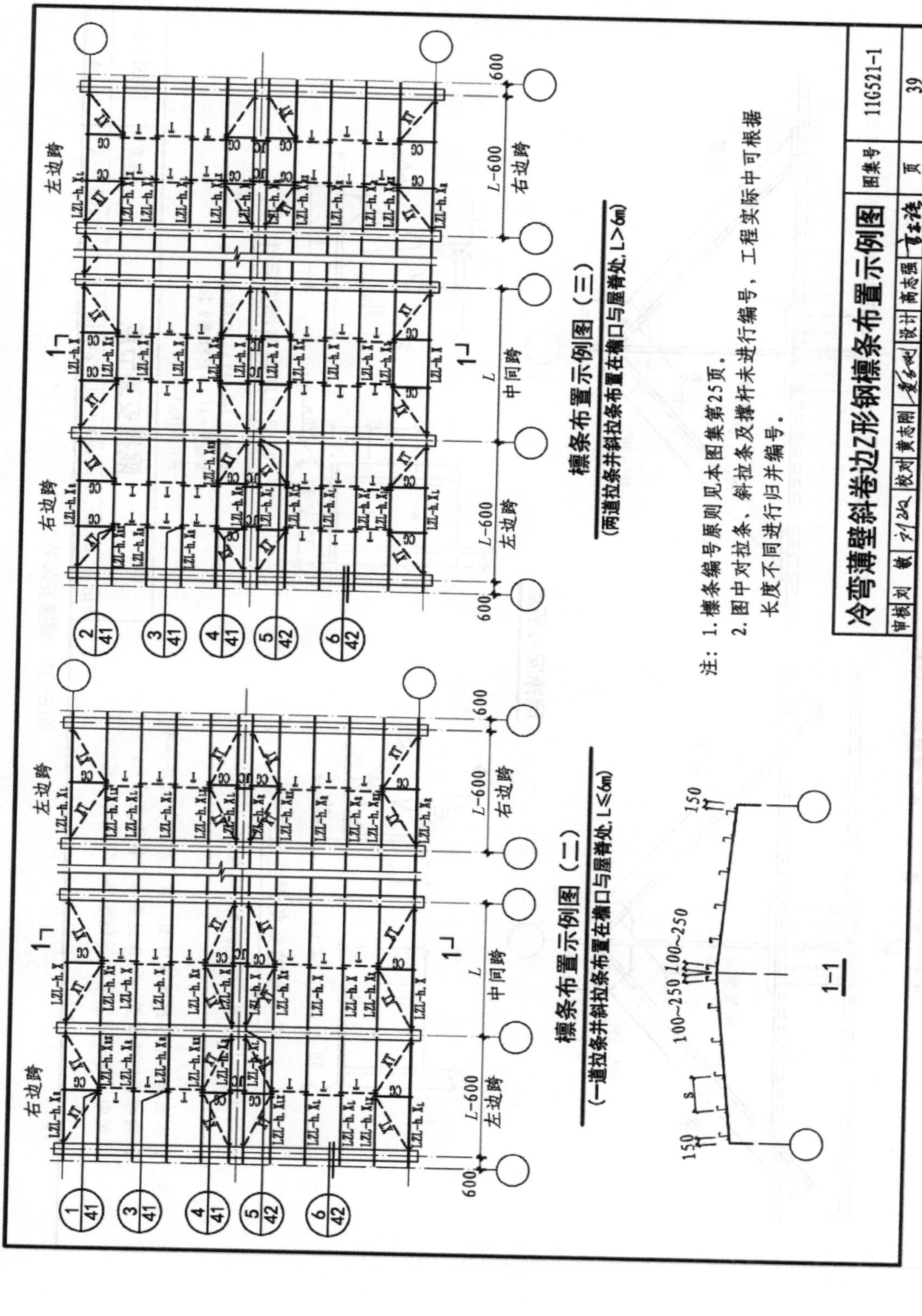

图 8-30 Z 形檩条布置示例图

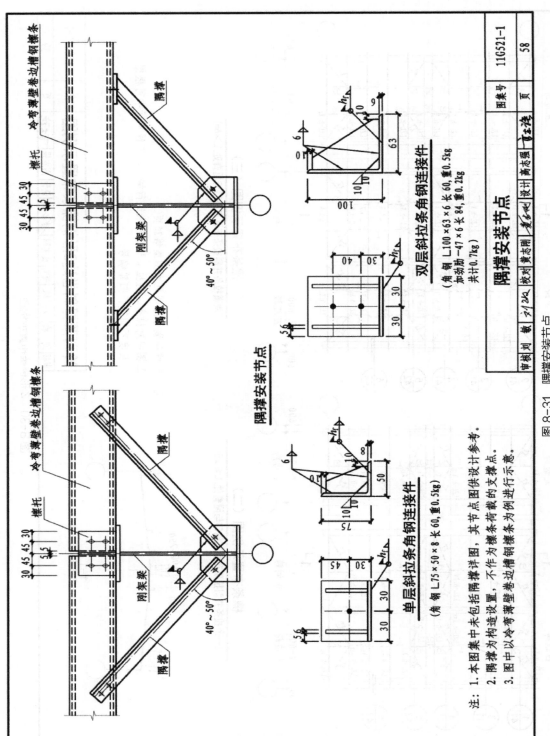

图8-31 隅撑安装节点

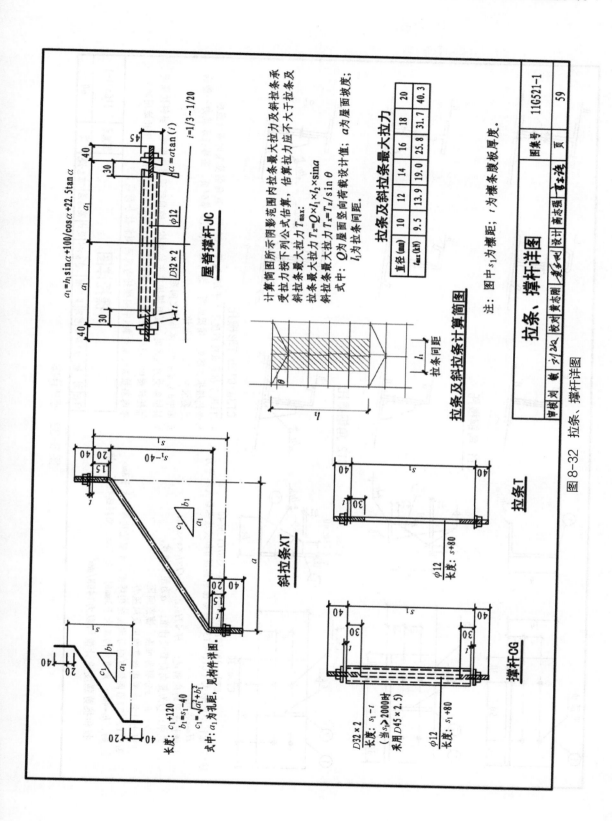

图8-32 拉条、撑杆详图

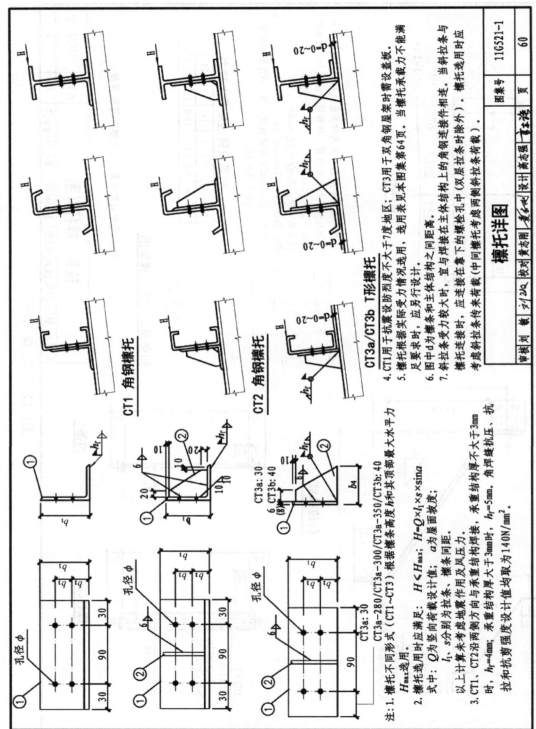

图 8-33

于只有一组两个螺栓，L 形檩托无法使用，设计中仅使用一块平板作为檩托，如图 8-34 所示，檩条的底面抬高 d=0~20mm。本设计檩条高度为 180mm，檩条的底面抬高 10mm，檩条的顶面高度 190mm，檩托板顶高为 110+55+30=195mm，但通常应小于 190mm，因此实际建模时可将 195mm 改为 185mm，即将 55mm 改为 45mm。

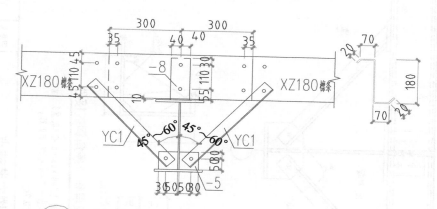

① 屋面檩条、隅撑、钢梁连接详图

注：1、仅用于中间跨处，边跨时仅一面有隅撑
2、所有的连接孔均为∅13.5 圆孔，用 M12 普通镀锌螺栓。

檩托板详图

图 8-34　设计 CAD 图的檩托详图

（5）隅撑安装节点，如图 8-35 所示。

（6）斜拉条与檩托的连接，如图 8-36 所示，有助于理解安装节点。

（7）图集中有冷弯薄壁斜卷边 Z 形钢檩条安装节点，如图 8-37 所示；对照设计图 8-38、图 8-39，在屋顶平面上，直拉条之间的间距为 80mm，斜拉条之间间距为 240mm，普通拉条可设于距檩条底部 1/3 处，屋脊檩条可设于距檩条顶部 1/3 处即 180/3=60mm，所以普通拉条在屋面上的高度为 60+10=70mm，屋脊檩条在屋面上的高度为 120+10=130mm。

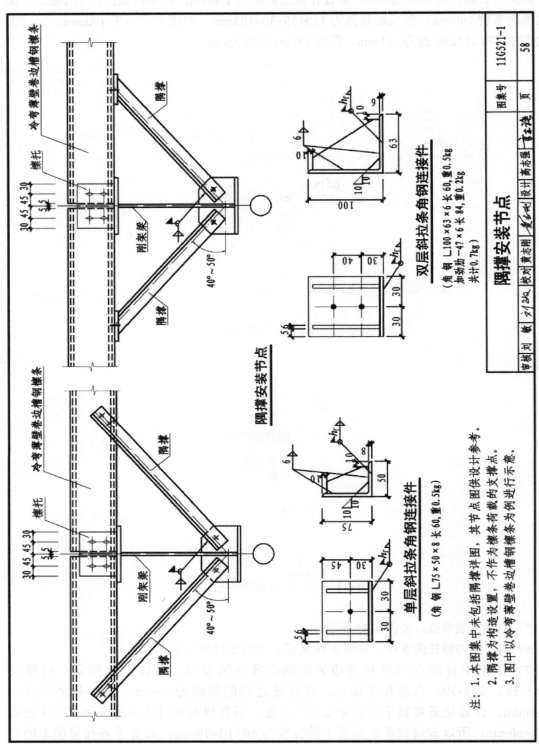

图8-35 隔撑安装节点

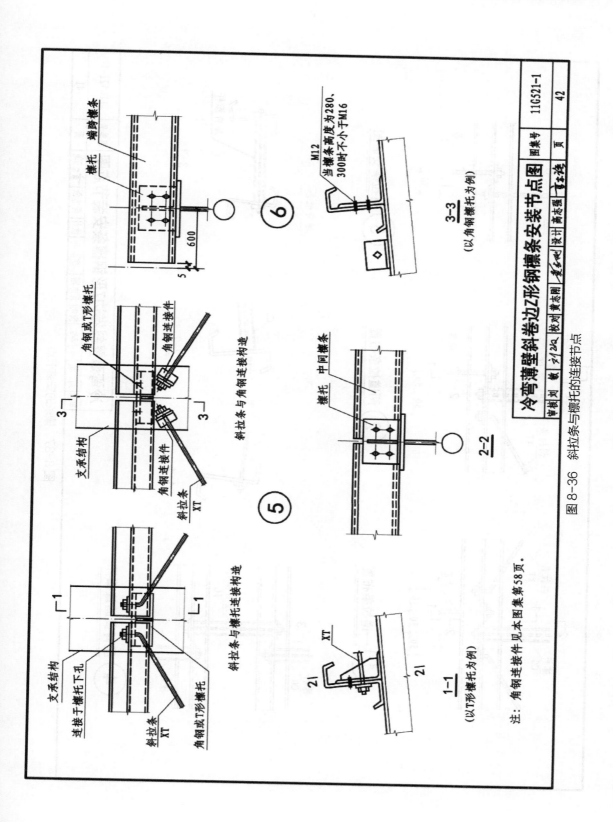

图8-36 斜拉条与檩托的连接节点

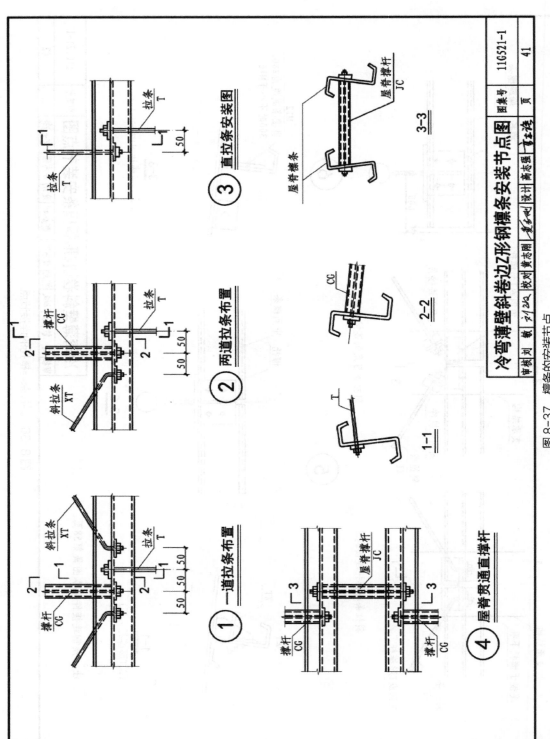

图8-37 檩条的安装节点

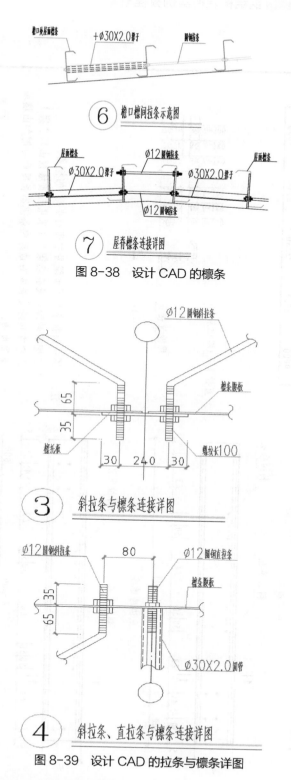

图 8-38　设计 CAD 的檩条

图 8-39　设计 CAD 的拉条与檩条详图

（8）冷弯薄壁斜卷边 Z 形钢檩条模板图，如图 8-40 所示（可作为参考），若参照此模板，高度 180mm 的檩条，拉条孔全部开在距离顶部 40mm 处，当设计图中未给出时可以取 40mm。本设计已给出，所以未参考檩条模板图建模。

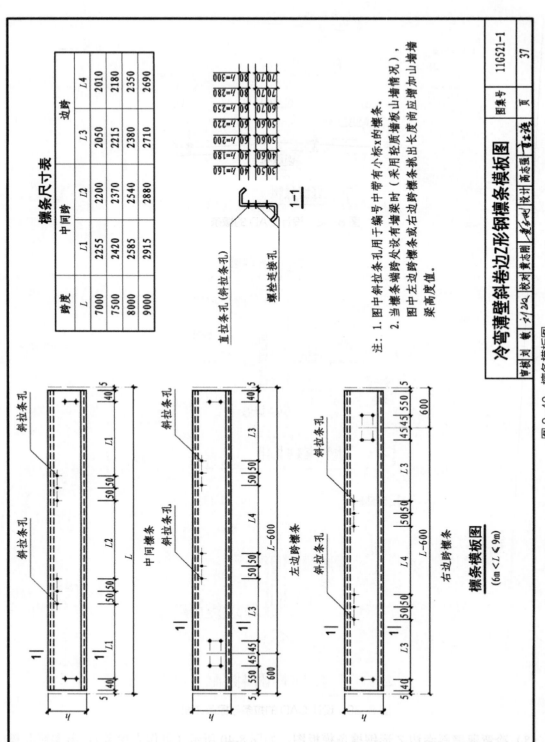

图 8-40 檩条模板图

8.1.5.2 材料表

综合考虑，列出各种檩条、墙梁、隅撑的规格、材料，如表 8-1 所示。

表 8-1　檩条、墙梁、隅撑规格及材料

檩条组名称		WLT1	WLT2	QLT1	QLT2（CZ）	QLT3	MZ\ML
檩条	材料	Q345A	Q345A	Q235	Q235	Q235	Q235
	规格	ZX180×70×20×2.2	ZX180×70×20×2	C200×70×20×2.5	C200×70×20×2	C160×60×20×2	2C200×70×20×2
搭接加长		600	600	无	无	无	无
斜拉条	材料	Q235					无
	规格	$\phi12$					无
直拉条	材料	Q235					无
	规格	$\phi12$					无
拉条板	材料	Q235					无
	规格	5×80×80					无
隅撑	材料	Q235					无
	规格	50×4					无
螺栓	材料	A					
	规格	12					
檩托板	材料	Q235	Q235	Q235			无
	规格	−185×80×8	−185×80×8	−195×140×5 加肋 −5			无
撑杆（圆管）	材料	Q235					无
	规格	$\phi30×2$					无

8.1.5.3 屋面参考模型LT.dwg的重绘

通过规范的学习，可发现屋面的檩条布置有错误；可以参照规范修改檩条布置，提请设计院修改设计。为了方便屋顶建模找点，在 CAD 中绘制参考模型 LT.dwg，如图 8-41 所示。由于屋面建模时，已有太多零件与构件存在于模型中，虽然可以隐藏，但屋面的建模常常在3D 视图找点，极容易出现错误。虽说熟练的深化设计人员利用点的命令或辅助线的命令可以找出这些点，但对于初学者来说十分困难，尤其是拉条的位置比较复杂。绘制步骤如下。

（1）利用量取尺寸工具在 Tekla 模型或参考模型钢构 20.0.dwg 中量取一边斜屋面的长度。

（2）尽量以 1500 为间距布置檩条，屋脊的檩条边距 100 ～ 250mm，本例中斜屋面长度约为 10500，即 6×1500+1100，最后一个间距取为 1100，留下了 150 的屋檐端头的檩条边距，250 的屋脊端头的檩条边距。

（3）檩条布置图上的材料表如图，檩条是有搭接长度的，所以在轴线左右偏移 300 画出了绿色的檩条起点线，因为本设计图中有 3 个跨度，所以只需要画出 3 个跨度就够了。

（4）所有的参考模型在导入之前，坐下角坐标设置为（0，0），否则有可能无法放到正确位置。

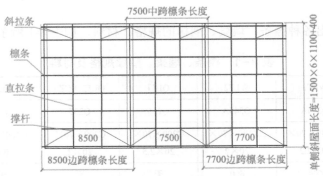

图 8-41　屋面参考模型 LT.dwg

8.2　檩托与隔撑

8.2.1　任务

（1）本工程哪些部位有檩托与隔撑？各构件尺寸如何？
（2）可以直接用隔撑节点吗？

8.2.2　任务实施

（1）打开上节的模型。
（2）打开 3D 视图，选中屋面，如图8-42所示。
（3）在所有刚架柱顶加一小段与GL2同规格的辅助梁，作为柱顶隔撑的主件，如图8-43所示。

图 8-42　屋面

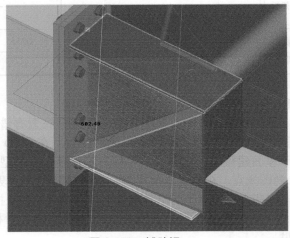

图 8-43　辅助梁

（4）使用冷弯卷边搭接（1）组件制作中间的檩托与隔撑。
① 单击"组件"→"冷弯卷边搭接（1）"，如图 8-44 所示，打开。
② 在图形选项中填写檩托节点的图形选项卡参数，如图 8-45 所示。
③ 在夹板选项中填写夹板的参数，如图 8-46 所示。
④ 在拉条选项中填写拉条 (stays) 的参数，带隔撑的参数如图 8-47 所示，不带隔撑的参数如图 8-48 所示，分别保存。

图 8-44　冷弯卷边搭接

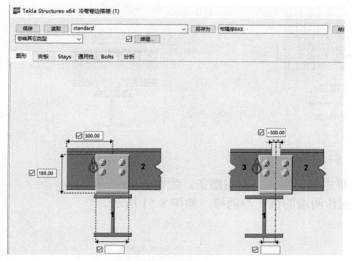

图 8-45　图形选项卡

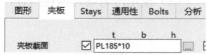

图 8-46　夹板选项卡

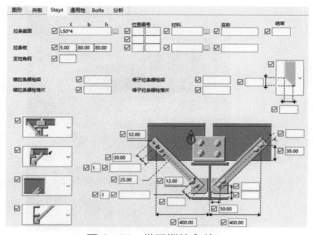

图 8-47　带隅撑的参数

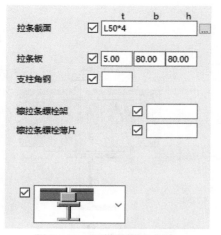

图 8-48　不带隅撑的参数

⑤ 在螺栓选项中填写螺栓的参数，如图 8-49 所示。

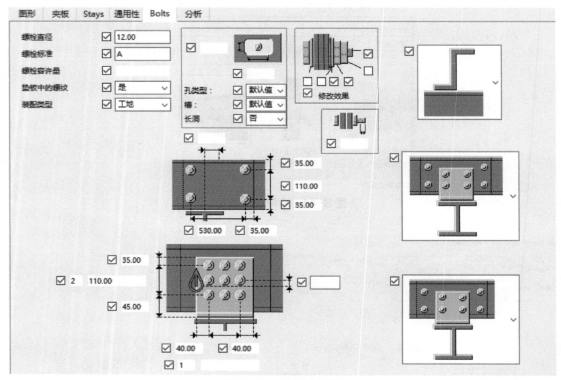

图 8-49　螺栓选项卡

⑥ 按图示 1 → 2 → 3 顺序，先单击梁，再单击左右檩条，如图 8-50 所示。

（5）使用冷弯卷边搭接组件，制作两端的檩托与隔撑，如图 8-51 所示。

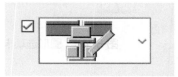

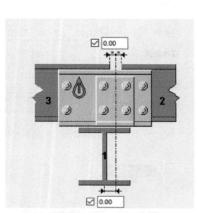

图 8-50　建模顺序

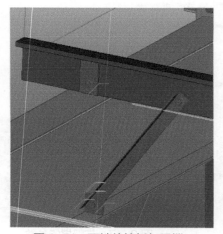

图 8-51　两端的檩托与隔撑

主要步骤与步骤（4）制作中间的檩托与隅撑相同，只是拉条应选单侧拉条。

（6）复制，做齐 3 轴～ 8 轴上的檩托与隅撑。

① 选中 3 刚架上的檩托与隅撑，右键打开选择性复制→线性，如图 8-52 所示。

图 8-52　选择性复制

② 复制 7 份，如图 8-53 所示。

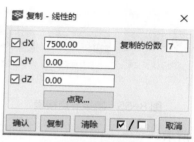

图 8-53　复制

（7）保存模型。

8.2.3　任务结果

屋面系统如图 8-54 所示。

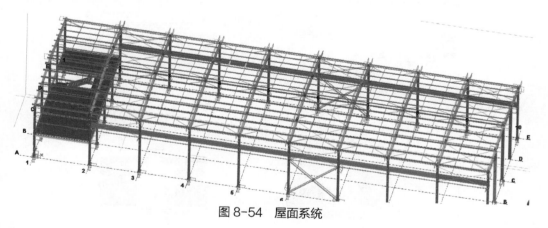

图 8-54　屋面系统

8.2.4　任务资料

隅撑节点的制作常常使用到组件，当搜索"冷弯"时，能看到很多可用的组件，如图 8-55

所示。但较常用的是冷弯卷边搭接（1）和冷弯卷边套管（2）组件。以冷弯卷边搭接（1）组件为例来说明，通常有四个选项卡需要处理，分别是图形、夹板、Stays、Bolts。

图 8-55　隅撑节点搜索

（1）图形选项卡如图 8-56 所示。

① 檩条外伸长度表示的是边跨檩条伸出的长度，应按设计输入。

② 檩托高度可不输入，由软件通过螺栓间距、边距自动计算。

③ 檩托宽度可不输入，由软件通过螺栓间距、边距自动计算。

④ 檩条间距表示的是中跨檩条顶端的间距，这个参数可按设计输入。

⑤ 檩托中心偏移可不输入。

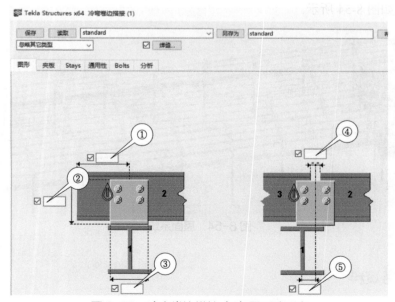

图 8-56　冷弯卷边搭接（1）图形选项卡

（2）夹板选项卡如图 8-57 所示。

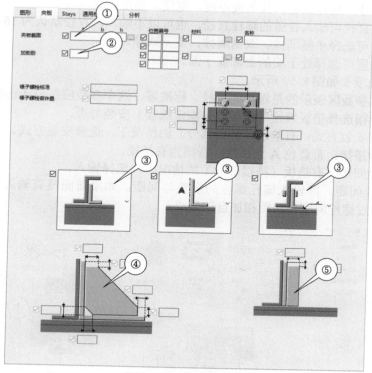

图 8-57 夹板选项卡

① 夹板截面表示的是檩托的尺寸型号，应按设计选择。

② 加劲肋，此处可输入厚度，一般不输入。

③ 檩托与檩条的相互关系，可选择。

④ 加劲肋尺寸，第 2 项输入厚度后，这组参数才可按设计输入。

⑤ 椽子与夹板的关系，可不输入。第 3 项选择椽子后，这组参数才可按设计输入。

（3）Stays 选项卡如图 8-58 所示。

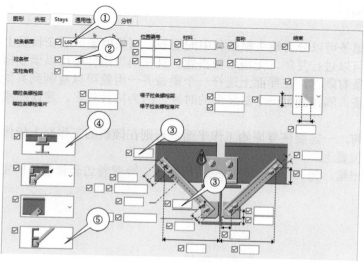

图 8-58 Stays 选项卡

① 拉条截面表示的是隔撑角钢的型号，这个参数应按设计选择。

② 拉条板尺寸，应详细输入拉条板厚度、宽度、高度。

③ 拉条螺栓直径可输入拉条的螺栓直径，也可以不输入，直径默认为 16。

④ 拉条数量可选择单侧隔撑、双侧隔撑、或无隔撑。

⑤ 拉条板位置可选择处于梁的上部或下部。

（4）Bolts 选项卡如图 8-59 所示。

① 螺栓基本参数区表示的是螺栓的直径、标准等，这个参数应按设计选择。

② 垫板螺栓指选择垫板螺栓（搭接部分固定螺栓）安装与否。

③ 垫板螺栓安装方式：有垫板（搭接部分）的情况下，选择安装方式。

④ 檩条是否搭接：带蓝色 A 无搭接，否则为有搭接。

⑤ 垫板螺栓间距：有垫板（搭接部分）的情况下，选择输入。

⑥ 夹板螺栓间距，即输入檩托螺栓的组数与间距；如果前面没有输入檩托的宽和高，此处的输入会通过螺栓间距与边距相加自动生成。

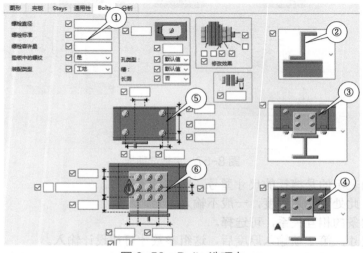

图 8-59　Bolts 选项卡

8.2.5　知识链接

（1）屋面的檩条可以分为端头檩条和中间檩条，端头檩条一般在长度上与中间的檩条是不一样的。但是可以进行复制，无需单独搭建，且在隔撑组件中可以调整檩条的长度。

（2）部分檩条有隔撑，在屋面上选择一个梁做齐一组就可以复制到其他所有的梁。

（3）镜像檩条、隔撑到另一个斜屋面的时候，因为构件较多，建议隐藏部分构件后再进行镜像操作。

（4）镜像之前，一定要恢复原始工作平面，否则在倾斜的工作面上镜像的所有檩条与拉条都不在正确的位置上。

（5）对于楔形梁，每一个梁都是由三块板组成。冷弯卷边套管建模的主零件应为腹板。

思考与练习

檩条与拉条的高度如何确定？不用参考模型，可以用其他方法建模吗？

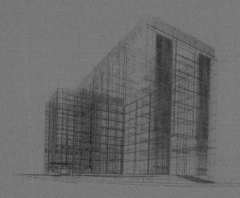

第*9*章
出图简介

本章主要知识

（1）过滤出所需类型对象。

（2）调用（构件或零件的）预设图纸属性。

（3）创建图纸。

9.1 出图界面简介

9.1.1 进入与退出出图界面

（1）新建一个简单的模型，选中模型中任意一个构件。单击"图纸和报告"→"创建构件图"，如图 9-1 所示，或直接选中零件后右键创建构件图。下方提示已创建了一张图纸。

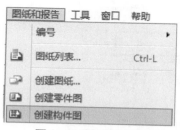

图 9-1 创建构件图

（2）单击"图纸和报告"→"图纸列表"，选中已创建的图纸，单击"打开"，如图 9-2 所示。

（3）出图界面即被打开，如图 9-3 所示。

（4）如需退出图纸，返回建模界面，单击"图纸文件"→"关闭"（返回到模型），如图 9-4 所示，即会退出图纸界面。

图 9-2　打开图纸

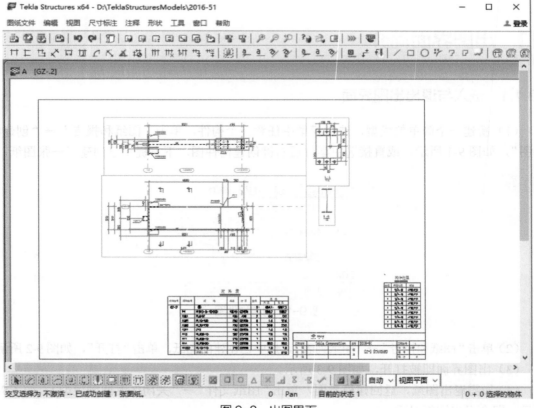

图 9-3　出图界面

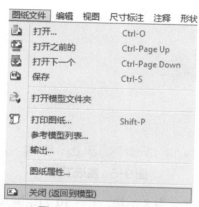

图 9-4　退出图纸界面

9.1.2　图纸界面

Tekla Structures 的用户界面如图 9-3 所示，由上至下依次为标题栏、菜单栏、工具栏、绘图区域、选择开关、捕捉开关、状态栏等部分，下面分别介绍各部分的功能。

（1）标题栏　标题栏在程序窗口的最上方，它上面显示了 Tekla Structures 的程序图标及当前操作的图形文件名称和路径，与建模界面类似。

（2）菜单栏　单击菜单栏上的菜单项，可弹出对应的下拉菜单。下拉菜单包含了 Tekla Structures 图纸工作的核心命令和功能。选取其中的某个选项，Tekla Structures 即会执行相应命令。

（3）工具栏　常见的工具栏有图纸工具和图纸对象两种，与建模界面类似，每一个工具栏都可以点击最左侧的四个点拖出成为独立工具条，放置于界面上任何位置。

如图 9-5 所示，图纸工具从左至右依次为：

① 打开图纸列表。

② 打开上一张图纸。

③ 打开下一张图纸。

④ 保存图纸。

⑤ 重做。

⑥ 打印图纸。

⑦ 创建整个模型的所有区域的图纸视图。

⑧ 创建模型的选定区域的图纸视图。

⑨ 在图纸视图的选定区域创建图纸视图。

⑩ 创建剖面视图。

⑪ 创建弯曲剖面视图。

⑫ 创建细部的图纸视图。

⑬ 创建布置图。

⑭ 复制。

⑮ 移动。

⑯ 放大。

⑰ 缩小。

⑱ 恢复原始尺寸。

⑲ 查询。
⑳ 打开模型文件夹。
㉑ 打开视图列表。
㉒ 打开宏。
㉓ 自定义工具。

图纸工具

图9-5 图纸工具

图纸对象工具从左至右依次分为 8 小块，1 ～ 10 为绘制尺寸工具、11 ～ 15 为尺寸线工具、16 为标记工具、17 ～ 20 为文本工具、21 ～ 23 为关联注释工具、24 ～ 26 为标记工具、27 ～ 33 为绘制工具、34 ～ 36 为删除修改符号工具，如图 9-6 所示。从左至右依次为：

① 增加水平尺寸。
② 增加垂直尺寸。
③ 增加直角尺寸。
④ 增加自由尺寸。
⑤ 增加平行尺寸。
⑥ 增加正交尺寸。
⑦ 利用半径参考线增加弯曲尺寸。
⑧ 增加半径尺寸。
⑨ 增加角度尺寸。
⑩ 增加 COG 尺寸。
⑪ 增加或删除尺寸线。
⑫ 删除尺寸线。
⑬ 尺寸线组合。
⑭ 链接尺寸线。
⑮ 不链接尺寸线。
⑯ 增加所选零件的标记。
⑰ 增加带引出线的文本。
⑱ 添加文本。
⑲ 沿线添加文本。
⑳ 沿着起始点带箭头线增加文本。
㉑ 增加带引出线的关联注释。
㉒ 沿线增加不带引出线的关联注释。
㉓ 沿线增加关联注释。
㉔ 增加符号标记。
㉕ 增加水平标记。
㉖ 增加焊缝标记。
㉗ 画线。
㉘ 绘制矩形。
㉙ 通过圆心和半径绘制圆形。
㉚ 三点画弧。

㉛ 绘制折线。

㉜ 绘制多边形。

㉝ 绘制云。

㉞ 删除所有尺寸修改符号。

㉟ 删除所有标记修改符号。

㊱ 删除所有关联注释修改符号。

图9-6　图纸对象

（4）绘图区域　绘图区域是用户的工作区域，绘制的图纸都反映在此窗口中。用户可根据需要自行设置显示在屏幕上的绘图区域的大小。

（5）图纸选择开关　如图9-7所示，图纸选择开关一共有14个，从左至右依次为：

① 打开所有选择开关（除单个尺寸外）。

② 选择图纸中的线。

③ 选择图纸中的文本。

④ 选择图纸中的标记。

⑤ 选择图纸中的零件。

⑥ 选择图纸中的剖面符号

⑦ 选择图纸中的焊缝。

⑧ 选择图纸视图。

⑨ 选择图纸中的尺寸。

⑩ 选择图纸中的单个尺寸。

⑪ 选择图纸中的整套轴线。

⑫ 选择图纸中的单条轴线。

⑬ 选择图纸中的细部标记。

⑭ 选择图纸中的插件。

图9-7　图纸选择开关

（6）图纸捕捉设置开关　图纸捕捉设置开关和建模界面类似，不再重复。

（7）状态栏　状态栏和建模界面类似，不再重复。

9.1.3　图纸内容

9.1.3.1　图纸的设置

一张图纸从大的方面看，有三个级别的属性设置：图纸属性设置、图纸视图属性设置、对象属性设置。在这三个阶段属性下，还可以设置一些下级的属性，如图9-8中视图项下，还可以设置布置、视图、切割、细部视图的参数。

（1）图纸属性　即整张图纸尺寸和所包括的各种元素的格式的设置，如修订表、标题块、材料列表、材料清单的格式设置等。软件自带预定义的布置，如图 9-8 所示读取了 ch_column 的设置来使用。

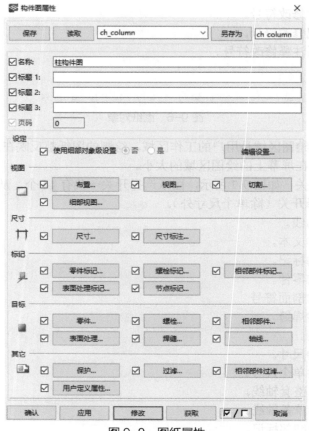

图 9-8　图纸属性

（2）视图属性　视图属性是整个模型、模型中的一个零件或模型中各个零件的视图。视图可以从不同方向（顶部、前面、后面、底部）显示建筑对象。如图 9-9 所示的刚架柱构件图纸中，一张图纸中有 4 个视图，分别为顶视图、前视图和两个剖面图。每个视图都可以通过单击灰色边框调出视图属性。软件自带预定义的布置，如图 9-10 所示读取了 ch- beam 的设置来使用。

（3）图纸对象　Tekla 图纸对象与普通的二维图纸不同，图纸中除包含与 CAD 图类似的建筑对象和尺寸、标记对象以外，还包括一些仅与图纸中相关的信息或向模型中添加额外信息的对象。常见图纸包含以下 4 种对象类型：

① 建筑对象，即二维图纸绘出的零件、螺栓、焊缝、折角、钢筋或表面处理。

② 关联注释对象，即建筑对象上的尺寸、标记、关联注释。

③ 未链接到模型的独立注释对象，即与模型有关的文本、文本文件、符号、链接、超链接、DWG/DXF 文件和参考模型；

④ 附加图纸对象，即形状（云、线、矩形等），用以表达图纸修改阶段等信息。

9.1.3.2　图纸修改的三个级别

在 Tekla Structures 中，图纸修改的三个级别可以在不同程度上修改图纸，具体取决于修改所需的程度和范围。

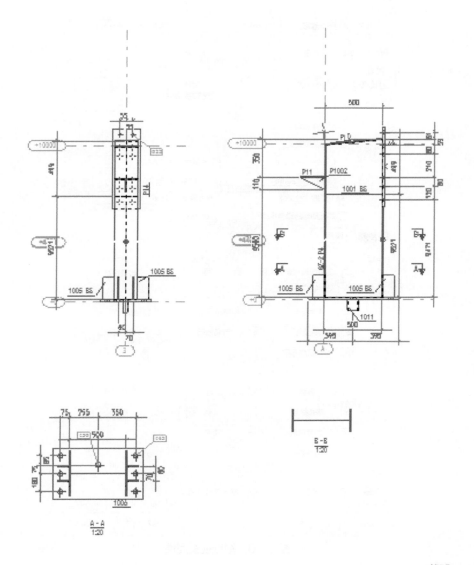

图 9-9 刚架柱构件图纸

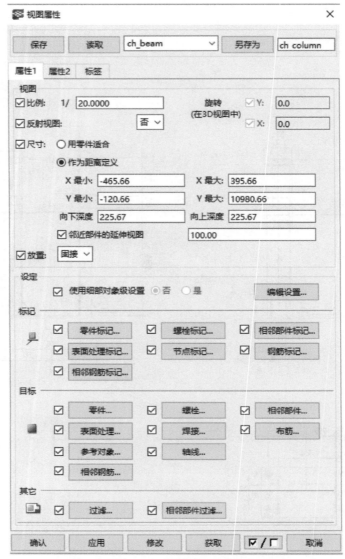

图 9-10　图纸视图属性

　　（1）第一级别是图纸级别，可以更改图纸中所有建筑对象、标记、尺寸和视图的属性。将图纸属性设置保存在图纸属性文件中后，可以在以后对同一类型的其他图纸使用同样的设置。可以在创建图纸之前在模型中修改所选图纸类型的图纸属性，也可在已打开的现有图纸中更改图纸属性。设置会应用到该图纸中的所有视图和对象，但创建图纸后新创建的视图除外。

　　（2）第二级别是在视图级别修改属性。修改只应用于当前打开的图纸中选择的视图。设置会应用到这一个视图中的所有对象。

　　（3）第三个也是最低的级别是在对象级别修改属性，可在此级别更改已打开图纸中的所选对象的属性。设置只应用于这一个对象（如一根柱），但可以同时选择并修改多个对象。在对象级别修改的属性不再受视图级别或图纸级别属性更改的影响。

9.2 出图简介

9.2.1 编号

9.2.1.1 编号选项

在创建图纸前，需要先对模型进行编号。对模型进行编号常用的三个选项分别为对所选对象的序列编号、修改编号和给焊接编号，如图 9-11 所示。

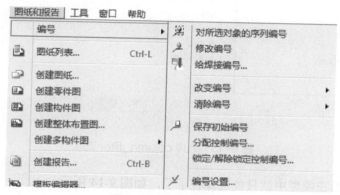

图 9-11 模型编号

（1）单击"图纸和报告"→"编号"→"对所选对象的序列编号"，对模型中的所选零件和构建进行编号。

（2）单击"图纸和报告"→"编号"→"修改编号"，仅对模型中修改过的零件和构建进行编号。

（3）单击"图纸和报告"→"编号"→"编号设置"，可打开编号设置对话框。

9.2.1.2 重新编号

如果不确定编号是否正确，可清除所有编号，然后重新进行编号。

9.2.2 选择过滤

9.2.2.1 选择过滤的作用

在出图时通常希望同类构件能一起出图，比如柱子、梁、板等分别同时出图，所以需选择过滤。

9.2.2.2 操作方法

以过滤出柱子为例，具体操作步骤如下。

（1）捕捉栏旁有一个绿色图标，双击可打开"选择过滤"；也可以用快捷方式 CTRL+G 打开，如图 9-12 所示。

（2）从中选择"column_filter"选项，如图 9-13 所示。

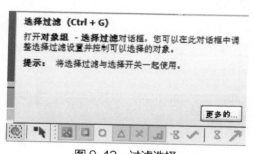

图 9-12 过滤选择

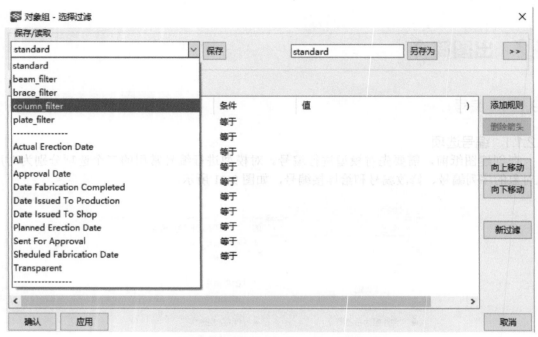

图 9-13　选择 column_filter 选项

（3）选中之后在模型中就只能选择柱子了，如图 9-14 所示。

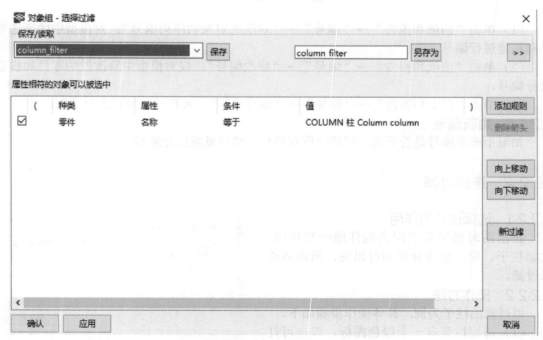

图 9-14　选择柱子

也可以在"选择过滤"下拉选项中直接选择要选择的过滤关键字，如图 9-15 所示。

（4）此时在 3D 视图下框选整个视图，则会发现只有柱被选中，如图 9-16 所示。

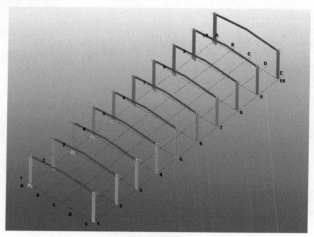

图 9-15　选择过滤下拉选项

图 9-16　选中柱

9.2.3　创建图纸

模型被编号之后，我们就可以创建模型中各个杆件的构件图和零件图了。选中对象之后，从下拉菜单中运行构件图或零件图命令，就能得到所选对象的相应图纸。下面以创建柱构件图纸为例予以说明。要创建所选柱的图纸，模型中的编号必须正确，因此有时需要重新编号。

（1）选中所有柱，单击"图纸和报告"→"编号"→"对所选对象的序列编号"，如图 9-17 所示。

（2）单击"图纸和报告"→"创建构件图"，图纸即被创建，如图 9-18 所示。

图 9-17　模型重新编号

图 9-18　创建构件图

思考与练习

尝试创建零件图、整体布置图、多构件图。

附录

Tekla Structures 20.0
快捷键

序号	命令	快捷键	序号	命令	快捷键
1	移动－平移	G	31	隐藏选定对象	5
2	复制－移动	C	32	图纸列表	6
3	移动－旋转	R	33	点选工作区	7
4	移动－镜像	V	34	适合零件视图	8
5	复制－旋转	shift+R	35	X 向标注	X
6	复制－镜像	shift+V	36	Y 向标注	Y
7	三点复制	shift+C	37	自由标注	W
8	三点移动	shift+G	38	标注半径	R
9	拆分零件	N	39	角度标注	A
10	沿线切割	J	40	增加尺寸点	J
11	多边形切割	K	41	删除尺寸点	K
12	零件切割	L	42	平行标注	N
13	多边形板	P	43	垂直标注	M
14	创建折梁	Z	44	组合尺寸线	Z
15	焊接	9	45	创建选定零件标记	O
16	编辑螺栓部件	B	46	创建剖面符号	P
17	创建延伸点	E	47	创建剖面	E
18	创建平行点	F	48	创建焊接符号	i
19	辅助线	Q	49	适合选定视图	L
20	辅助圆	U	50	移动对象	G
21	X 向测量	X	51	引出注释	V
22	Y 向测量	Y	52	画线	Q
23	自由测量	W	53	精确线	alt-w
24	角度测量	A	54	炸开节点	shift-x
25	螺栓测量	shift+B	55	隐藏选定对象	alt-q
26	零件多个基本视图	M	56	查询目标对象	alt-1
27	查询构件	1	57	零件基本视图	alt-v
28	视图工作平面	2	58	创建到前视图	shift-q
29	三点工作平面	3	59	创建到顶视图	shift-d
30	线框视图	4	60	创建工作平面视图	shift-f

参考文献

[1] 钢牛腿设计及工程实例，徐斌. 山西建筑，2011，37（15）.

[2] 钢结构，杜绍堂. 重庆：重庆大学出版社，2011.

[3] 钢结构工程施工，戚豹. 重庆：重庆大学出版社，2011.

[4] 08SG520-3 钢吊车梁.

[5] 05G514-3 实腹式钢吊车梁.

[6] Tekla 17.0 建模指南（中文版），Tekla 公司.

[7] 11G336-2 柱间支撑（柱距 7.5 米）.

[8] 07SG518-4 多跨门式刚架轻型房屋钢结构（无吊车）.

[9] 04SG518-2 多跨门式刚架轻型房屋钢结构（有吊车）.

[10] 11G521-1 钢檩条.

[11] 11G521-2 钢墙梁.

[12] 钢结构工程施工，戚豹. 北京：中国建筑工业出版社，2010.

[13] GB50017—2014 钢结构设计规范.

[14] GB/T3811—2008 起重机设计规范.

[15] 15.GB50009—2012 建筑结构荷载规范.

参考文献

[1] 钢结构设计及工程实例. 第二版. 北京：中国建筑工业出版社，2016.

[2] GB 50009—2012 建筑结构荷载规范.

[3] GB/T 3811—2008 起重机设计规范.

[4] GB 50017—2014 钢结构设计规范.

[5] 钢结构工程施工. 第二版. 北京：中国建筑工业出版社，2016.

[6] JGJ82 连接规范.

[7] HG531-1 柱脚螺栓.

[8] 04CG51-2 多、高层民用建筑钢结构节点构造详图（主节点）.

[9] 07SG518-4 多、高层民用建筑钢结构节点构造详图（次节点）.

[10] 11G236-2 H型钢支座（跨度 15 米）.

[11] Tekla 17.0 软件用户手册（中文版），Tekla 公司.

[12] 05G520-3 钢吊车梁.

[13] 钢结构加工工程. 重庆；重庆大学出版社，2011.

[14] 钢结构基本原理. 重庆；重庆大学出版社，2011.

[15] 钢结构设计及工程实例. 济南：山东科技，2011，53-135.